Telecommunications

Veröffentlichungen des/Publications of the

Münchner Kreis

Übernationale Vereinigung für Kommunikationsforschung
Supranational Association for Communications Research

Band/Volume 17

Telekommunikation auf der Schwelle zum Europäischen Binnenmarkt

Telecommunications on the Threshold to the Single European Market

Vorträge des am 24./25. November 1992
in München abgehaltenen Kongresses

Proceedings of a Congress
Held in Munich, November 24/25, 1992

Herausgeber/Editor: E. Witte

Springer-Verlag
Berlin Heidelberg New York
London Paris Tokyo
Hong Kong Barcelona Budapest

Münchner Kreis
Übernationale Vereinigung für Kommunikationsforschung
Supranational Association for Communications Research
Tal 16, D-80331 München, Telefon: (0 89) 22 32 38

Wissenschaftliche Leitung des Kongresses:

Prof. Dr. Dres. h. c. Eberhard Witte
Übernationale Vereinigung für Kommunikationsforschung
Supranational Association for Communications Research
Tal 16, D-80331 München, Telefon: (0 89) 22 32 38

Mit Unterstützung der Generaldirektion XIII,
„Telekommunikation, Informationsindustrie und Innovation",
der Kommission der Europäischen Gemeinschaften.

With the support of the Directorate-General XIII
for Telecommunications, Information Industries and Innovation
of the Commision of the European Communities.

Die Deutsche Bibliothek – CIP-Einheitsaufnahme
Telekommunikation auf der Schwelle zum Europäischen Binnenmarkt : Vorträge des
am 24./25. November 1992 in München abgehaltenen Kongresses / [Münchner Kreis, Übernationale
Vereinigung für Kommunikationsforschung]. Hrsg.: E. Witte. – Berlin ; Heidelberg ; New York ;
London ; Paris ; Tokyo ; Hong Kong ; Barcelona ; Budapest : Springer, 1993
(Telecommunications; Bd. 17)
ISBN 978-3-540-56988-6   ISBN 978-3-642-52351-9 (eBook)
DOI 10.1007/978-3-642-52351-9
NE: Witte, Eberhard [Hrsg.]; Münchner Kreis; Telecommunications

Satz: Fotosatz-Service Köhler OHG, Würzburg;

62/3020-543210 – Gedruckt auf säurefreiem Papier.

Inhalt

Vorwort

E. Witte

Mit der Vollendung des Europäischen Binnenmarktes wird die Europäische Wirtschaftsgemeinschaft auch auf den Dienstleistungssektor ausgeweitet. Die Telekommunikation ist damit dem europäischen Markt geöffnet und die Harmonisierung der Ordnungspolitik der einzelnen Mitgliedstaaten steht bevor.

Der Vertrag über die Europäische Union enthält in Kapitel 129b die Aufgabe der Gemeinschaft zum Aufbau und Ausbau transeuropäischer Netze in den Bereichen der Verkehrs-, Telekommunikations- und Energieinfrastruktur. Es sollen die Vorteile genutzt werden, die sich aus der Schaffung eines „Raumes ohne Wirtschaftsgrenzen" ergeben.

Die aktuellen Probleme, die sich der Telekommunikation auf der Schwelle zum Europäischen Binnenmarkt stellen, ergeben sich aus der gegenwärtigen Situation. Zwar kann von Land zu Land kommuniziert werden, aber die technische Konfiguration, die wirtschaftliche Ausprägung und vor allem die ordnungspolitischen Rahmenbedingungen sind in den Mitgliedstaaten noch sehr unterschiedlich.

Wenn in Absatz 2 des Artikels 129b von einem System „offener und wettbewerbsorientierter Märkte", von der „Förderung des Verbunds und der Interoperabilität der einzelstaatlichen Netze sowie des Zugangs zu diesen Netzen" die Rede ist, dann wird eine Fülle von Einzelaufgaben erkennbar, die bearbeitet werden muß, bevor Europa über ein homogenes, im Wettbewerb fortschreitendes Telekommunikationsystem verfügt. Die transeuropäischen Netze stellen eine unverzichtbare Infrastruktur für den europäischen Binnenmarkt dar. Sie werden durch den Artikel 129b für alle Staaten als gleichrangige Wirtschaftsbereiche neben den Verkehr und die Energieversorgung gestellt.

Der Kongreß behandelt die Voraussetzungen für das Entstehen eines zukunftssicheren europäischen Informations- und Kommunikationssystems. Gezielte Forschung und Entwicklung sowie die darauf aufbauende Standardisierung sind solche Voraussetzungen. Jedoch bewirkt erst die Markteinführung von Hochtechnologieprodukten und die Schaffung von Wettbewerb den angestrebten wirtschaftlichen Effekt. Dabei ist zu beachten, daß Europa nur ein Teil des Weltmarktes ist. Die eigene Entwicklung ist deshalb im Vergleich zur Entwicklung in anderen übernationalen Märkten zu bewerten.

Der vorliegende Band 17 der Reihe Telecommunications enthält alle auf dem Kongreß gehaltenen Vorträge in deutscher Sprache.

Binnenmarkt und Telekommunikation –
Zur Notwendigkeit europäischer Netze

R. Büscher

Leistungsfähige Kommunikationsnetze sind das Herzstück einer jeden modernen Volkswirtschaft. In Europa gibt es solche Netze noch nicht. Weder sind die vorhandenen Netze kapazitativ ausreichend noch technisch genügend aufeinander abgestimmt. Darunter leiden die Netzbenutzer ebenso wie die europäischen Gerätehersteller, die nach unterschiedlichen Normen produzieren müssen, so daß sie sich international nur schwer durchsetzen können. Der Ausbau und die Modernisierung des europäischen Telekommunikationsnetzes muß in erster Linie privat, d.h. durch die nationalen Telekoms sowie durch private Netzbetreiber finanziert werden. Die Europäische Gemeinschaft kann jedoch einen subsidiären Beitrag zur effizienteren Koordinierung sowie zur besseren Anbindung peripher gelegener Gebiete an die Wirtschaftszentren der Gemeinschaft leisten. Dafür gibt es mehrere gute Gründe.

Erstens erhöht die Vollendung des Binnenmarktes die Notwendigkeit eines grenzüberschreitenden Informationsaustausches ganz beträchtlich. Der innergemeinschaftliche Fernsprechverkehr wächst schon jetzt überproportional. Das wird sich in Zukunft noch verstärken, weil der Nachholbedarf im grenzüberschreitenden Bereich am größten ist. Sowohl Verwaltungen wie auch Unternehmen werden im Binnenmarkt viel enger als bisher miteinander kommunizieren müssen. Es ist nicht beabsichtigt, neue zentrale europäische Superbehörden zu schaffen, die die Einhaltung des Gemeinschaftsrechtes überwachen und praktisch durchsetzen. Dafür zuständig bleiben weiterhin in erster Linie die nationalen Verwaltungen, doch wird es erforderlich sein, mehr Daten grenzüberschreitend auszutauschen und gemeinsame europäische Informations- und Frühwarnsysteme einzurichten.

Viele Kontrollen, die bislang noch an den Grenzen stattfinden, werden künftig durch eine intensivere Zusammenarbeit der nationalen Verwaltungsbehörden ersetzt. Dafür müssen europäische Netze geschaffen werden, die einen schnellen Informationsaustausch und den gemeinsamen Rückgriff auf gespeicherte Daten erlauben. Davon können durchaus innovative Impulse für die Telekommunikation ausgehen, doch dies setzt mutige, zukunftsgerichtete Entscheidungen voraus, für die in Europa leider allzuoft der notwendige politische Mut fehlt. Gerade die Telematiknetze sind jedoch ein hervorragendes Beispiel moderner Industriepolitik, bei der es eben nicht darum geht, private Entscheidungen durch staatliche Verantwortung zu ersetzen. Europäische Telematiknetze sind erforderlich, um öffentliche Aufgaben effektiv zu erfüllen, und darin liegt auch eine industriepolitische Herausforderung.

Auch der Informationsaustausch zwischen den Unternehmen wird beträchtlich steigen. Im Binnenmarkt werden mehr Auslandsniederlassungen gegründet werden, um die Produktionskosten zu senken und näher am Markt operieren zu können. Die EG-weite Ausschreibung öffentlicher Aufträge zwingt zu grenzüberschreitenden Bietergemeinschaften, was die Ansprüche an europäische Telekommunikationsnetze erheblich steigert. Es reicht nicht mehr aus, nur Telefongespräche oder einfache Netzdienste durchführen zu können. An die Übermittlung von Daten, Texten und technischen Unterlagen werden aufgrund der vertieften Arbeitsteilung in der Gemeinschaft immer höhere Anforderungen gestellt. Dies wird mitentscheidend dafür sein, ob es der europäischen Wirtschaft gelingt, das Produktivitätsgefälle gegenüber der japanischen Konkurrenz einzuebnen.

Zweitens brauchen wir europäische Netze, weil die Telekommunikation eine Schlüsselindustrie für die Zukunft ist. Der Markt für Telekommunikationsdienste ist ein Wachstumsmarkt. Nach vorliegenden Schätzungen könnte der Umsatz in der EG bis zum Jahre 2010 von derzeit 160 Milliarden DM auf 680 Milliarden DM gesteigert werden. Dies setzt allerdings voraus, daß weiter liberalisiert und vor allem kräftig investiert wird. Die Netzbetreiber müßten real allein während der 90er Jahre rund 880 Milliarden DM investieren, was einem Anwachsen des jährlichen Investitionsbedarfes von 50 % entspricht. Die Liberalisierung darf daher die Finanzkraft der öffentlichen Telekommunikationsunternehmen nicht schwächen. Dies schließt mehr Wettbewerb in den Netzen jedoch keineswegs aus, denn durch den Eintritt neuer privater Anbieter, etwa im Mobilfunk, wird gleichzeitig auch zusätzliches privates Investitionskapital mobilisiert. Trotzdem wird Brüssel weiterhin eine behutsame Öffnungspolitik betreiben müssen, um die ehrgeizigen Investitionspläne zum Aufbau europäischer Netze verwirklichen zu können.

Nächster Schritt wird die Liberalisierung des grenzüberschreitenden Telefonverkehrs sein, auf den zwar nur 4 bis 5 % der Erträge entfallen, der aber für die Verbesserung der europäischen Kommunikation von großer Bedeutung ist. Ein Aufpreis für das Überschreiten nationaler Grenzen verstößt nicht nur gegen die Binnenmarktidee, sondern kann durchaus auch als Monopolmißbrauch angesehen werden. Die EG stellt zwar das öffentliche Fernsprechmonopol nicht grundsätzlich infrage, aber umso entschiedener müssen Mißbrauchsfälle bekämpft werden. Dies nützt gleichzeitig auch dem Aufbau grenzüberschreitender Netze und Dienste. Hohe Gebühren wirken nachfragedämpfend und erhöhen damit die Rentabilitätsschwelle für Netzinvestitionen. Für die nationalen Telefongesellschaften lohnen sich solche Investitionen ohnehin kaum. Es reicht daher nicht aus, nur die Gebühren auf einen eventuellen Monopolmißbrauch hin zu überprüfen, sondern es ist auch zu überlegen, wie zusätzliches Investitionskapital für den Aufbau grenzüberschreitender Netze geschaffen werden kann.

Drittens sind europäische Kommunikationsnetze ein Instrument zur Beseitigung des Wohlstandsgefälles in der EG. Moderne Telekommunikationsnetze sind unbestritten ein wichtiger Standortfaktor. Der Vertrag von Maastricht erkennt die Bedeutung transeuropäischer Netze für die Kohäsion ausdrücklich an, insbesondere die Notwendigkeit „insulare, eingeschlossene und am Rande gelegene Gebiete mit den zentralen Gebieten der Gemeinschaft zu verbinden". Im Rahmen des neuen Finanzrahmens der Gemeinschaft (Delors II) sind deshalb auch zusätzliche Mittel zur Unterstützung transeuropäischer Netze vorgesehen. Der Rat hat dem allerdings noch nicht zugestimmt. Es ist zu hoffen, daß die vorgesehenen Mittel möglichst bald freigegeben werden. Dies wäre auch ein wichtiges wachstumspolitisches Signal.

Das Erreichen der ehrgeizigen Konvergenzkriterien zwingt viele Mitgliedstaaten zu einem harten Stabilitätskurs. Die Gemeinschaft befindet sich augenblicklich in einer „Schuldenfalle", aus der einige Länder allein nur schwer herauskommen werden. Deshalb ist eine europäische Wachstumsinitiative erforderlich, um zusätzliches öffentliches und privates Kapital für die notwendigen Investitionen in die europäischen Netze bereitzustellen. Die Kommission hat dafür eine EG-Anleihe von ca. 10 Milliarden DM, die für europäische Infrastrukturinvestitionen in den Mitgliedstaaten zur Verfügung gestellt werden soll, vorgeschlagen. Dies würde es insbesondere den höher verschuldeten Mitgliedstaaten erlauben, weiter in die Zukunft investieren zu können, ohne die Konvergenzkriterien zu verfehlen. Verglichen mit den enormen Auslandsinvestitionen etwa der deutschen Telekom ist eine solche Gemeinschaftsinitiative ohnehin nur ein Tropfen auf den heißen Stein. Trotzdem ist es sinnvoll, daß die Gemeinschaft hier ein positives Signal setzt, nicht nur für die südlichen Mitgliedstaaten, sondern auch für eine schnelle Anbindung Mittel- und Osteuropas an das europäische Telekommunikationsnetz.

Die Telekomgesellschaften gehören zu den größten Auftraggebern in der Gemeinschaft. Nicht nur öffentliche Verwaltungen, sondern auch staatliche Monopolunternehmen müssen künftig ihre Aufträge gemeinschaftsweit und im Wettbewerb vergeben. Die Zeit nationaler Hoflieferanten geht damit allmählich zu Ende. Noch ist allerdings die grundlegende EG-Richtlinie nicht in allen Mitgliedstaaten entsprechend umgesetzt. Seitens der Gerätehersteller wird gegenwärtig erheblicher Druck ausgeübt, um das Inkrafttreten der Richtlinie weiter zu verzögern. Stein des Anstoßes ist vor allem die darin vorgesehene Reziprozitätsklausel, die von der Industrie als zu schwach angesehen wird.

Nach der Richtlinie kann ein Angebot aus den Vereinigten Staaten oder Japan nur zurückgewiesen werden, wenn der einheimische Fertigungsanteil weniger als 50% und die Preisdifferenz nicht mehr als 3% beträgt. Dies gilt zumindest solange, als die europäischen Anbieter auf dem amerikanischen und japanischen Markt weiterhin benachteiligt werden. Der Industrie reicht eine solche Reziprozitätsklausel allerdings nicht aus. Befürchtet wird, daß dadurch die Preise in Europa unter Druck geraten, ohne daß sich die Türen auf dem Weltmarkt öffnen. Doch mehr als eine Kann-Klausel ist in der EG nicht durchzusetzen und wäre auch industriepolitisch verfehlt.

Was national schon nicht zum Erfolg geführt hat, nämlich der Schutz der „national champions" vor internationaler Konkurrenz, ist auch auf europäischer Ebene zum Scheitern verurteilt. Zum einen läßt sich die Weltmarktkonkurrenz auf Dauer kaum vom eigenen Markt fernhalten. Jede Einfuhrschranke läßt sich irgendwie überspringen, sei es durch Beteiligung an einheimischen Firmen oder durch die Errichtung eigener Fertigungskapazitäten unter fremder Flagge. Zum anderen macht es im Binnenmarkt immer weniger Sinn, wirtschaftliche Bestätigungsmöglichkeiten von der Eigentumsfrage abhängig zu machen. Was ist schon ein „europäisches" Unternehmen? Dies gilt umso mehr, als strategische Allianzen mit den Weltmarktkonkurrenten oft der einzige Weg sind, um technologische Abhängigkeiten zu vermeiden und Rückstände aufzuholen. Ohne Wettbewerb im eigenen Markt entstehen nur Technologieriesen, die nie auf eigenen Füßen stehen, sondern immer am staatlichen Tropf hängen werden. Deshalb kann Reziprozität immer nur Chancengleichheit und die Gleichheit der Marktresultate heißen.

Nicht nur die Gerätehersteller müssen im Binnenmarkt umdenken. Auch den staatlichen oder halbstaatlichen Telekom-Gesellschaften fällt es immer noch schwer, sich in dem neuen Wettbewerbsumfeld zurechtzufinden. Das zeigt sich auch bei der Umsetzung der Liberalisierung des Beschaffungsmarktes für Telekommunikation. Die EG-Richtlinie sieht nicht nur eine gemeinschaftsweite Ausschreibung der Aufträge vor, sondern räumt den Bietern auch weitreichende Informations- und Klagerechte ein. Damit der unterlegene Bieter seine Rechte tatsächlich geltend machen kann, muß er sie notfalls auch einklagen können. Einen solchen subjektiv einklagbaren Rechtsanspruch will man in Deutschland jedoch offensichtlich nicht einräumen. Auch für die sogenannten „ausgeschlossenen Sektoren", wie z. B. die Telekommunikation, soll die Umsetzung der EG-Richtlinie im Rahmen eines „Haushaltsgrundsätzeänderungsgesetzes" erfolgen. Damit würden die öffentlich-rechtlichen Vergaberegeln auch auf die privaten Telekom-Gesellschaften übertragen, d. h. die Privatwirtschaft bürokratischer Kontrolle unterworfen. Das ist für die EG-Kommission kaum akzeptabel. Auf die Möglichkeit eines direkten Zugangs zu Gerichten, etwa um Schadensersatzansprüche geltend zu machen, kann nicht verzichtet werden. Dies umso weniger, als die EG-Kommission ihre bisherige Schiedsrichterrolle im Binnenmarkt wegen Arbeitsüberlastung kaum noch effektiv ausüben kann.

Der Binnenmarkt hat eine klare Tendenz zur Deregulierung und Marktöffnung, auch in der Telekommunikation. Noch fehlen allerdings die notwendigen Strukturen, sei es in der Normung oder zur Durchsetzung subjektiver Rechtsansprüche, um den Binnenmarkt mit praktischem Leben zu erfüllen und die darin liegenden Kostenvorteile tatsächlich realisieren zu können. Nachdem der rechtliche Rahmen jetzt steht, müssen die europäischen Kräfte stärker gebündelt und auf gemeinsame Ziele ausgerichtet werden.

Europäische Telekommunikationsgemeinschaft

G. Tenzer

Mit Beginn des nächsten Jahres wagen die Völker Europas einen ersten, gewaltigen Schritt in eine ganz neue, gemeinsame Marktsituation. Durch die Verwirklichung der Maastrichter Verträge wird erstmals in Europa stufenweise ein einheitlicher Wirtschaftsraum ohne Binnengrenzen und mit einer gemeinsamen Währung geschaffen. Hierdurch soll der wirtschaftliche und soziale Zusammenhalt gestärkt und ein hohes Maß an wirtschaftlichem und sozialen Fortschritt erreicht werden.

Dieser Schritt wird von vielen Bürgern nicht nur positiv gesehen. Vielfach wird die Verwirklichung einer Europäischen Union bei den bestehenden, teilweise noch großen wirtschaftlichen und sozialen Unterschieden in Europa skeptisch beurteilt. Der Begriff vom „Europa der zwei Geschwindigkeiten" weist auf die Problematik hin. Im Nein der Dänen zu Maastricht, in den kontroversen Diskussionen zur Währungsunion, im knappen Ausgang des Referendums in Frankreich und in der Verschiebung der Ratifizierung der Verträge in GB kommen die Befürchtungen der Bürger deutlich zum Ausdruck.

In dieser Situation ist die Telekommunikation als Bindeglied zwischen Industrie, Dienstleistungssektor und Markt sowie zwischen peripheren Gebieten und wirtschaftlichen Zentren von entscheidender Bedeutung für eine ausgewogene, gesamtwirtschaftliche Entwicklung. Darüber hinaus ist die Telekommunikation durch ihre Fähigkeit, die Kommunikation zwischen den Menschen anzuregen und persönlicher zu machen, eine unabdingbare Voraussetzung für den sozialen Zusammenhalt und für eine gemeinsame kulturelle Entwicklung in Europa.

Die Telekommunikation kann und wird praktisches Erleben beim Zusammenwachsen der Gemeinschaft fördern. Sie kann demzufolge mit dazu beitragen, die bestehenden Ungleichgewichte in Europa zu beseitigen. Ich möchte daher die Hypothese aufstellen, daß das Ziel der erfolgreichen Verwirklichung einer europäischen „Wirtschafts- und Sozialgemeinschaft" weitgehend davon mitbestimmt wird, inwieweit es gelingt, gleichzeitig auch eine „Europäische Telekommunikationsgemeinschaft" zu entwickeln.

Um diese Hypothese zu verifizieren, müssen wir uns folgende Fragen stellen:

1. Ist eine „Telekommunikations-Gemeinschaft" Grundvoraussetzung für eine einheitliche wirtschaftliche und gesellschaftliche Entwicklung in Europa?
2. Was sind die Elemente einer „Telekommunikations-Gemeinschaft" und wo liegen ihre Grenzen?
3. Welche Maßnahmen sind bereits ergriffen?
4. Wie muß eine „Telekommunikations-Gemeinschaft" international eingebettet werden?

Lassen Sie mich zunächst zur Frage der Notwendigkeit einer Telekommunikations-Gemeinschaft kommen. Seit einigen Jahren vollzieht sich durch das Zusammenwachsen von Telekommunikation, Informatik und audiovisuellen Medien eine tiefgreifende technologische Revolution. Aus dieser Integration erwachsen enorme Synergien für die Wirtschaft. Die Vorteile der neuen „Telematik" liegen zum einen in der Rationalisierung unternehmensinterner und -externer Abläufe und führen damit zu erheblichen Produktivitätssteigerungen. Die Telematik ermöglicht andererseits aber auch eine fortschreitende Verbesserung der Produkte und Dienstleistungen und forciert damit entscheidend die Marktentwicklung. Darüber hinaus zieht die Modernisierung der Telekommunikationsnetze gewaltige Investitionen sowohl im Infrastrukturbereich als auch bei den Mehrwertdiensten nach sich. Vor dem Hintergrund des raschen technologischen Wandels wird die Telematik durch ihr umfangreiches Potential an Prozeß- und Produktinnovationen für die wirtschaftliche Entwicklung zu einer Schlüsselrolle.

Der Telekommunikationssektor wächst gegenwärtig ungefähr doppelt so schnell wie die gesamte Wirtschaft. Die Wachstumsrate beträgt in der EG z. Z. ca. 10%. Der Gesamtumsatz dürfte sich bezogen auf das Jahr 1990 bis zum Jahr 2000 mehr als verdoppeln. Die Telematik hat durch ihre große wesentlich Multiplikatorwirkung einen entscheidenden Einfluß auf die gesamtwirtschaftliche Entwicklung.

Die volle Ausschöpfung der Größenvorteile, die Verbesserung der Rentabilität und der Anpassungsfähigkeit der Unternehmen an sich rasch ändernde Marktbedingungen können jedoch nur durch die Merkmale einer großen europäischen „Telekommunikations-Gemeinschaft" beschleunigt werden:

– So wirkt sich die Normenvielfalt in Europa besonders nachteilig auf die Entwicklung neuer Mehrwertdienste aus. Bis 1990 gab es beispielsweise sechs mobile Kommunikationssysteme, die eine grenzüberschreitende Kommunikation unmöglich machte. Entsprechend begrenzt war demzufolge auch der Absatzmarkt für mobile Endgeräte.
– Die Marktabschottung in der Vergangenheit hat dazu geführt, daß in Europa acht verschiedene digitale Vermittlungssysteme entwickelt wurden, gegenüber zwei in Japan und drei in den USA. Angesichts der hohen Entwicklungskosten – die FuE-Kosten für ein digitales Vermittlungssystem liegen derzeit bei ungefähr 2 Mrd. DM – und des hohen Investitionsrisikos aufgrund der kurzen Innovationszyklen, können Skalenerträge nur durch gemeinsame FuE-Anstrengungen und durch entsprechend große Absatzmärkte realisiert werden.

– Erhebliche Unterschiede gibt es derzeit auch in den eingesetzten Technologien. Wir befinden uns in einem fundamentalen Technologiewandel. Die Digitalisierung in Verbindung mit dem Einsatz der Glasfaser erlaubt die Einführung neuer, breitbandiger Dienstleistungen bei gleichzeitiger Reduzierung der Kosten. Die bisherige Benachteiligung peripherer Produktionsstandorte kann durch diese neue Technologie überwunden werden. Gleichzeitig werden neue, dezentrale Produktionsmethoden möglich. Die Vorteile der neuen Technologien können jedoch nur durch eine gemeinsame, abgestimmte Netzarchitektur voll zur Wirkung gebracht werden.

– Untersuchungen zeigen, daß die Höhe der Telefondichte mit dem Bruttosozialprodukt stark korreliert. So ist beispielsweise die Telefondichte (TelAs je 100 Einwohner) in Deutschland fast doppelt so hoch wie in Portugal. Entsprechend ist das Bruttosozialprodukt je 100 Einwohner in Deutschland rund dreimal so hoch.

Wird man aber dann nicht, aufgrund der Interdependenz zwischen der Entwicklung der Telekommunikations-Infrastruktur und des Bruttosozialprodukts, mit hoher Wahrscheinlichkeit prognostizieren können, daß die Angleichung der Telekommunikationsverhältnisse zumindest zu einer wirtschaftlichen Angleichung in Europa beitragen wird?

Diese Beispiele zeigen, daß eine Telekommunikations-Gemeinschaft zukünftig zur Überwindung der noch bestehenden Ungleichgewichte erforderlich ist. Wie sollte aber dann diese Gemeinschaft aussehen und wo liegen ihre Grenzen?

Bei der Ausgestaltung und Abgrenzung einer Europäischen Telekommunikationsgemeinschaft geht es letztlich um die Aufrechterhaltung des Gleichgewichts zwischen Harmonisierung und Liberalisierung. Wir brauchen so viele Harmonisierungsmaßnahmen wie notwendig, um sowohl die Interoperabilität der Netze bzw. Dienste sowie den Zugang zu diesen Netzen und Diensten sicherzustellen, als auch die regionale und soziale Kohäsion in Europa zu schaffen. Andererseits darf die Harmonisierung nicht so weit gehen, daß sie Innovationen und Wettbewerb der Netzbetreiber und Dienstanbieter unerwünscht einschränkt.

So ist die Harmonisierung der Standards notwendig für den gemeinsamen Betrieb von Netzen. Es können mehr Teilnehmer erreicht werden, wenn die technische Kompatibilität der verwendeten Systeme durch einheitliche Standards garantiert wird. Höhere Anschlußzahlen bedeuten aber, daß jeder Einzelne mehr Teilnehmer erreichen kann. Diese Externalitäten stimulieren zusätzlich die Nachfrage.

Eine zentrale ordnungspolitische Frage für ein ausgewogenes Verhältnis zwischen Harmonisierung und Liberalisierung liegt in der Normungstiefe und in dem Normungszeitpunkt. Die Normungstiefe darf nicht soweit gehen, daß sie schon im Vorfeld Wettbewerb unterbindet. Normen sollten nur insoweit verbindlich vorgeschrieben werden, als diese zur Gewährleistung der grundlegenden Kommunikationsfähigkeit erforderlich sind. Darüber hinaus müssen Normen so rechtzeitig festgelegt werden, daß sie die technologische Entwicklung nicht behindern, indem frühzeitig die notwendige Planungssicherheit für die Entwicklung neuer Systeme geschaffen wird. Durch die Gründung des Europäischen Instituts für Telekommunikationsnormen (ETSI) wurde der erforderliche institu-

tionelle Rahmen geschaffen, um einheitliche europäische Telekommunikationsnormen zu erarbeiten.

Eng mit der Normierung ist die Harmonisierung des Zugangs zur Netzinfrastruktur und zu Diensten für Diensteanbieter und Benutzer verbunden. Durch die
Verabschiedung von ONP-Richtlinien muß der Weg für die Entwicklung europaweiter Dienste geebnet werden, so daß die Diensteanbieter die Netze in
den verschiedenen Mitgliedsstaaten nach einheitlichen Zugangsprinzipien und
-modalitäten nutzen können. Um auch hier das Gleichgewicht zwischen Harmonisierung und Liberalisierung herzustellen, sollte sich die Anwendung der ONP-
Regelungen vor allem auf Dienstleistungen erstrecken, für die ausschließliche
oder besondere Rechte bestehen und wo marktbeherrschende Stellungen vorlie-
gen. Die Harmonisierung sollte dagegen nicht zur Vereinheitlichung der Angebote
und zur Ausschaltung von Qualitäts- und Preiswettbewerb führen.

Ziel wird es sein, im Rahmen offener und wettbewerbsorientierter Märkte,
durch den Verbund und durch die Interoperabilität der einzelstaatlichen Netze,
den Ausbau transeuropäischer Netze zu forcieren, um so den wirtschaftlichen und
sozialen Zusammenhalt zu stärken.

Wenn die Harmonisierung der Netztechnologien, der Dienstemodalitäten und
Zugangsprinzipien Voraussetzung für eine zukünftige europäische Telekommunikationsgemeinschaft ist, dann muß es – insgesamt gesehen – auch zu einer
Harmonisierung der einzelstaatlichen Regulierungen in Europa kommen. Das gilt
für die gegenseitige Anerkennung von Zulassungsprüfungen bei Endgeräten
ebenso wie für die gegenseitige Anerkennung von Dienstelizenzen.

Mit der Einrichtung der Generaldirektion XIII in der EG-Kommission
wurden die institutionellen Grundlagen für eine einheitliche und unabhängige
Regulierungspolitik in Europa geschaffen. Insofern unabhängig, da Regulierungsentscheidungen durch den europäischen Gerichtshof überprüfbar und
korrigierbar sind. Eine ordungpolitische Ausgestaltung, wie wir sie uns auch im
nationalen Bereich wünschen! Grünbuch, Dienste-, Endgeräte- und ONP-Richt-
linie sind Beispiele für Ausgewogenheit der europäischen Regulierungspolitik.

Eine einheitliche, europäische Regulierungspolitik muß darauf achten, daß
Harmonisierung und Liberalisierung „Hand-in-Hand" gehen und daß es nicht
durch Auflagen zu einseitigen Wettbewerbsverzerrungen in einzelnen Mitglieds-
ländern kommt. Hierbei sollte ein Spielraum für einzelstaatliche Maßnahmen
bleiben, so daß noch bestehende, unterschiedliche Infrastrukturentwicklungen
individuell reguliert werden können. Dabei ist es unerläßlich, die nationale und
europäische Regulierung aufeinander abzustimmen.

Eine abgestimmte Regulierung muß weiterhin berücksichtigen, daß zur
Erreichung der Infrastrukturziele ein enormer Kapitalbedarf erforderlich ist, der
nur durch den Erhalt einer guten finanziellen Basis der Netzbetreiber aufgebracht
werden kann. Bedenklich ist in diesem Zusammenhang beispielsweise die
Liberalisierung des Telefondienstes innerhalb der Gemeinschaft. Ein solcher
Schritt sollte mit großer Sorgfalt durchdacht werden, da er geeignet ist, die
wirtschaftliche Basis der Netzbetreiber zu gefährden.

Um Mißverständnissen vorzubeugen, möchte ich an dieser Stelle betonen, daß
wir vom Grundsatz her nicht gegen eine Liberalisierung des Telefondienstes sind;
sie sollte aber in beherrschbaren Schritten und parallel mit dem Abbau

asymmetrischer Pflichten, die den Netzbetreibern gegenwärtig noch auferlegt sind, erfolgen. Nur so können unvorhersehbare volkswirtschaftliche Auswirkungen vermieden und ein geregelter Übergang zu einem wettbewerblichen Umfeld gesichert werden.

Ein weiteres Element einer Telekommunikations-Gemeinschaft sind gemeinsame FuE-Anstrengungen. Zukünftig können wir uns Doppelentwicklungen nicht mehr leisten. Durch gemeinsame Forschungsprojekte wie RACE und ESPRIT kann dies erreicht werden. Darüber hinaus sollte die EG die partnerschaftliche Zusammenarbeit von Netzbetreibern und Kommunikationsindustrie fördern, zugleich aber auch sicherstellen, daß hierdurch zukünftiger Wettbewerb nicht unangemessen eingeschränkt wird.

Nachdem der Rahmen für eine europäische Telekommunikationsgemeinschaft skizziert ist, möchte ich Ihnen nun erläutern, welche Maßnahmen wir schon ergriffen haben, um das Konzept einer Europäischen Telekommunikations-Gemeinschaft möglichst rasch zu realisieren.

Wir unterstützen aktiv die Maßnahmen zur Umsetzung des Titels XII „Transeuropäische Netze" der Maastrichter Verträge, indem wir uns an den folgenden Projekten beteiligen:

Auf dem Gebiet der Schmalbandkommunikation treiben wir die Einführung des *EURO-ISDN* aktiv voran.

Wegen der großen Bedeutung des ISDN für eine flexible Telekommunikation bauten die Netzbetreiber eigene nationale ISDN-Netze auf, weil aufgrund der frühzeitigen ISDN-Einführung nicht auf internationale ISDN-Standards zurückgegriffen werden konnte. Auch die Telekom unternimmt große Anstrengungen, um ein flächendeckendes ISDN bereitzustellen. Bis Ende '93 wird ISDN in den alten Bundesländern und zwei Jahre später in den neuen Bundesländern flächendeckend bereitstehen.

Aufgrund der nationalen Lösungen hatten die ISDN-Anschlüsse bisher unterschiedliche Leistungsmerkmale, so daß für jedes Land eine eigene Endgeräteentwicklung durchgeführt werden mußte mit entsprechend stark eingeschränkten Absatzchancen. Die Telekom hat daher zusammen mit France Télécom, British Telecom und der italienischen SIP die Einführung des ISDN nach einheitlichen Standards in Europa forciert. Die notwendigen Standardisierungsarbeiten wurden durch unsere Mitarbeit an entscheidender Stelle bei ETSI aktiv unterstützt. Die Einführung des EURO-ISDN im Netz der Telekom wird zur Zeit vorgenommen. Im Laufe des nächsten Jahres werden alle ISDN-Vermittlungsstellen mit dem EURO-ISDN ausgestattet. Jeder Kunde kann dann entscheiden, ob er den nationalen oder den europäischen ISDN-Standard nutzen will.

Zukünftig wird ein ISDN-Endgerät nicht nur in einem Land, sondern im Bereich aller beteiligter ISDN-Anbieter eingesetzt werden können. Damit ergeben sich größere Absatzchancen für die Endgeräteanbieter, so daß mit sinkenden Endgerätepreisen gerechnet werden kann, die wiederum die ISDN-Nachfrage anregen werden. Hinzu kommt eine Vielzahl von neuen Leistungsmerkmalen, die eine noch komfortablere Kommunikation gestatten.

Auch im Bereich der Breitbandkommunikation unterstützen wir die von der EG-Kommision eingeleiteten Maßnahmen zur Realisierung Trans Europäischer Breitbandnetze.

Gemeinsam mit France Télécom, British Telecom und dem spanischen (Telefonica) sowie italienischen Netzbetreiber (STET) haben wir am 10. September den Aufbau eines europaweiten, digitalen Übertragungsnetzes unter der Projektbezeichnung GEN beschlossen. Mit GEN wollen diese Netzbetreiber ein zwischen den Knoten der Netzbetreiber vermaschtes, europäisches, diensteunabhängiges Transportnetz auf der Basis von Glasfaserverbindungen bereitstellen. GEN bietet den Kunden kürzere Bereitstellungszeiten für internationale Übertragungswege bei verbesserter Güte und Zuverlässigkeit. Bereits im kommenden Frühjahr werden Dienste von 64 kbit/s bis 2 Mbit/s europaweit angeboten. Eine Erweiterung bis 140 Mbit/s ist vorgesehen. Inzwischen haben weitere europäische Netzbetreiber Interesse an GEN gezeigt.

In einer weiteren Entwicklungsstufe soll später GEN durch ein Managed European Transmission Network (METRAN) abgelöst werden. Mit METRAN wird es ab 1995 möglich werden, europaweit flexibel und schnell transparente Übertragungswege bis 155 Mbit/s bereitzustellen. METRAN ist als Transportnetz definiert, das die Leistungsfähigkeit der Synchronen Digitalen Hierarchie nutzt und den Asynchronen Transfer Mode des kommenden europäischen Breitband-ISDN unterstützt.

Im Rahmen dieses ehrgeizigen Projektes arbeiten wir mit über 25 europäischen Netzbetreibern zusammen. Die Netzbetreiber stellen damit unter Beweis, daß sie die Zielsetzung der EG-Kommission zur Errichtung eines europaweiten Breitbandkommunikationsnetzes tatkräftig unterstützen.

Auch die nächste Stufe des europaweiten Breitbandnetzes ist bereits verabredet. Zwischen den fünf großen Netzbetreibern in Europa (British Telecom, DBP Telekom, France Télécom, Telefonica und STET/ASST) wurde am 12. November 1992 ein Memorandum of Understanding vereinbart, das den Aufbau eines Euro-ATM-Pilotprojektes vorsieht. Bis Mitte 1993 sollen die technischen Einrichtungen auf der Grundlage einer EURESCOM-Empfehlung in Auftrag gegeben werden. Das Netz soll ab Mitte 1994 für den Betrieb mit Pilotkunden zur Verfügung stehen.

Erprobt werden Anwendungen zwischen Lokalen Netzen (LAN), zwischen Metropolitan Area Networks (MAN) sowie Multimedia-Anwendungen.

Darüber hinaus bestehen vielfältige bilaterale Beziehungen zwischen der Telekom mit anderen europäischen Netzbetreibern. Als Beispiel kann hier unsere Zusammenarbeit mit British Telecom bei der Entwicklung von Glasfasersystemen im Anschlußbereich (FITL) genannt werden, eine weitere Voraussetzung für ein Breitbandnetz der Zukunft. Im Rahmen eines „Joint Technical Advisory" wurde eine enge Abstimmung bei der Entwicklung und Harmonisierung von passiven Glasfasersystemen insbesondere für den Geschäftskundenbereich vereinbart. Zusätzlich arbeiten wir in multilateralen Expertengremien mit der japanischen NTT, mit British Telecom und mit Bellcore in den USA auf dem Gebiet der Entwicklung von Glasfasersysteme im Ortsnetz zusammen.

Zukünftig werden verstärkt sowohl bilaterale wie auch multilaterale Kooperationen und Allianzen erforderlich werden. Die Telekom steht dieser Zusammenarbeit offen gegenüber.

Diese Beispiele zeigen deutlich, daß die Architektur einer europäischen Telekommunikations-Gemeinschaft schon deutlich Gestalt angenommen hat. Ein weiteres Element kommt jedoch noch hinzu: die gemeinsamen FuE-Anstrengungen.

Durch verstärktes Engagement in diesem Hochtechnologie-Bereich der Telekommunikation forcieren wir die Entwicklung neuer Systeme wie z. B. OPAL, ATM, SDH. Darüber hinaus haben wir in Berlin eine Tochtergesellschaft, die De. Te. Berkom, gegründet, die aus dem laufenden BERKOM-Projekt hervorgeht und die die Voraussetzungen für europaweite Breitbandanwendungen auf der Basis von ATM-Netzen schaffen soll. Die De. Te. Berkom wird sich daher auch weiterhin intensiv an den EG-Projekten wie RACE beteiligen. Daneben setzen wir unsere Experten in dem gemeinsam mit anderen europäischen Netzbetreibern errichteten Forschungsinstitut EURESCOM in Heidelberg ein, um frühzeitig, d. h. bereits im Vorfeld der Standardisierung, zu gemeinsamen Ergebnissen zu kommen und somit unsere Kräfte zu bündeln.

Die Telekom wird ihre direkten Aufwendungen für FuE bis 1993 um mehr als die Hälfte auf ca. 1,7% vom Umsatz aufstocken. Hinzu kommen indirekte Aufwendungen in der Größenordnung von rd. 2,5 Mrd. DM, indem wir die Kosten für die technische Entwicklung in der Regel nicht gesondert vergüten, sondern unabgegrenzt in den Preisen für die Lieferungen und Leistungen, die wir in Auftrag geben, mitbezahlen.

Es ist uns bewußt, daß gegenwärtig in Europa noch große Unterschiede bei der FuE-Finanzierung bestehen, sei es durch direkte Übernahme der Entwicklungskosten durch staatliche Institutionen, durch vertikale Integration oder durch eine zentrale Industriepolitik. Diese großen Unterschiede lassen für den europäischen Binnenmarkt erhebliche Wettbewerbsverzerrungen erwarten. Wir betrachten die Entwicklung dieser Verzerrungen mit großer Sorge. Es ist jedoch nicht unsere, sondern Aufgabe der EG-Politik, eine einheitliche Regelung nach marktwirtschaftlichem Prinzip zu entwickeln. Wir werden uns – das kann ich Ihnen ausdrücklich versichern – für die Schaffung einer europaweit harmonisierten FuE-Politik einsetzen, in dem die Synergiepotentiale effizient ausgeschöpft und noch bestehende Wettbewerbsverzerrungen abgebaut werden.

Wenn wir eine Europäische Telekommunikations-Gemeinschaft errichten, so dürfen wir nicht außer acht lassen, daß mit der Verflechtung internationaler Wirtschaftsbeziehungen auch das Telekommunikationsangebot global werden muß. Das bedeutet, daß wir durch internationale Kooperationen die Verknüpfung des europäischen Netzes mit den internationalen Netzen erreichen müssen. So können wir auf dieser Basis einheitliche, globale Dienstleistungen vornehmlich für die weltweit operierenden Unternehmen entwickeln. Neben diesen Aktivitäten liegt uns, aufgrund der besonderen Lage Deutschlands als Drehscheibe im europäischen Netzbetrieb, die Entwicklung der Übertragungsnetze in Osteuropa besonders am Herzen. Deutschland als Drehscheibe zwischen Osteuropa und der Europäischen Telekommunikations-Gemeinschaft ist eine erklärte Zielsetzung unseres Unternehmens. Wir glauben, daß wir nicht nur das erforderliche Betreiber-Know-how einbringen können, sondern mit unserem Engagement auch industriepolitische Weichenstellungen beeinflussen.

Die Telekom wird sich daher entweder selbst oder (solange noch Rechtsunsicherheiten über die Möglichkeit einer internationalen Beteiligung der Telekom bestehen) über ihre Tochterunternehmen in Osteuropa bzw. in den GUS beim

Aufbau der Telekommunikations-Netze beteiligen und Anteile an deren Trägerschaft übernehmen. Viele Projekte sind in Vorbereitung bzw. stehen kurz vor dem geschäftlichen Abschluß.

So wurde zwischen uns und den Netzbetreibern in Bulgarien, Polen, Rumänien, Slowakei, Tschechei und der Ukraine die gemeinsame Zusammenarbeit beim Betrieb sowie der Weiterentwicklung eines Internationalen Netzmanagementsystems (INMS) vereinbart. Die Telekom erhielt von den Mitgliedern den Auftrag, ein zentrales Managementzentrum in Deutschland aufzubauen.

Die Telekommunikation und ihre Anwendungen prägen als einer der entscheidenden Ressourcen in zunehmendem Maße das Handeln von Privatpersonen und Unternehmen. Diese Entwicklung wird verstärkt durch die steigende Mobilität unserer Gesellschaft. Bei der Gestaltung einer europäischen Telekommunikationsgemeinschaft müssen daher Kundenwünsche und -bedürfnisse im Mittelpunkt stehen. Ein zukünftiges, transeuropäisches Diensteangebot muß daher die Telekommunikation noch wirtschaftlicher, einfacher, sicherer, flexibler, intelligenter und mobiler machen. Beispiele sind ein einheitliches Notrufsystem, einheitliche internationale Zugangsnummern, die Portabilität von Endgeräten, Transeuropäische Schmalband-, Breitband- und Mobilfunkdienste und eine an einem vereinigten Europa ausgerichtete Tarifpolitik. Die technischen Möglichkeiten bieten in den nächsten Jahren die Chance, die Qualität der Sprachübertragung zu verbessern, den Dokumentenaustausch zu beschleunigen, Multimedia-Anwendungen sowie das Bewegtbild zu ermöglichen und unsere Mobilität zu unterstützen. Wir können und werden die Telekommunikation für den Benutzer kommunikativer machen. Die europäische Telekommunikations-Gemeinschaft wird daher den wirtschaftlichen und sozialen Fortschritt in einer Europäischen Union entscheidend mitbestimmen.

Innovation und Wettbewerb in der Telekommunikation

G. Lorenz

1 Einleitung

Innovationen sind Erfindungen, die durch das Nadelöhr der betriebswirtschaftlichen Kostenrechnung hindurchgegangen sind. Die Aufwendungen können durch die Erträge gedeckt werden (1). Innovationen in der Telekommunikation sind neue Verfahren, neue Produkte, neue Dienste und neue Anwendungen, die allgemein genutzt werden, die sich verbreiten. Sie sind Träger des Wachstums. Der Motor für Innovationen sind die europäischen Telekom-Gesellschaften und die Telekom-Industrie, die die notwendigen Hardware und Software liefert.

Unser Ziel in Europa ist, eine wachsende, wettbewerbsfähige, finanziell gesunde Telekommunikationsbranche. Um dieses Ziel zu erreichen, muß von allen Teilnehmern gleichermaßen eine Innovationstrategie betrieben werden. Der Wettbewerb, eines der wesentlichen Prinzipien unserer Marktwirtschaft, ist ein Mittel.

Eine weit verbreitete Meinung ist die, daß erst dann, wenn voller Wettbewerb zugelassen wird, zu erwarten ist, daß die Möglichkeiten der Innovation voll ausgeschöpft werden können, und dies zu einer Vielfalt von Angeboten, zu niedrigen Preisen und zu Wachstum führt (2). In der Telekommunikation in Europa soll deshalb mehr Wettbewerb durchgesetzt werden. Leitmotiv ist die Meinung, daß Monopolstrukturen zu träge und ineffizient sind (3).

In Europa gibt es unterschiedliche Entwicklungen. Wettbewerbsbereiche und Monopolbereiche existieren nebeneinander.

Damit ist die grundsätzliche Frage aufgeworfen, inwieweit Innovation und Wettbewerb zusammenhängen, welche Grenzen dem Wettbewerb als Mittel gesetzt sind, welche besonderen Merkmale die Innovation in der Telekommunikation aufweist.

2 Innovation

Die Telekommunikation befindet sich in einer Innovationsphase, mit Auswirkungen auf die gesamte Volkswirtschaft und auf die Gesellschaft, mit positiven Zukunftsperspektiven für die nächsten zwanzig Jahre. Die Telekommunikation, ist ein wertvolles Gut, es gilt damit vorsichtig und besonnen umzugehen.

Wir haben es mit grundlegenden Innovationen zu tun, die auf einer Vielzahl von Erfindungen basieren. Ein breites Feld technologischer Forschungsergebnisse, wie die der Mikroelektronik, der optischen Technologie, der Digitaltechnik werden gebündelt zu einem Innovationsfeld der Telekommunikation. Dieses Netz von Innovationen verbreitet sich rasch und wird zu einem Markt führen, der auf 1000 Mia Dollar geschätzt wird. Daß wir es mit Basisinnovationen zu tun haben wird deutlich bei der Durchsicht der Liste der 1000 größten Weltunternehmen, geordnet nach ihrem Börsenwert, also einem Wert, der zukünftige Erwartungen mit einschließt. Diese Liste hat sich in den letzten fünf Jahren grundlegend verändert, zugunsten von Kommunikationsunternehmen. NTT ist das Unternehmen mit dem höchsten Börsenwert, British Telecom rangiert vor GM, eine Deutsche Telekom würde einen Börsenwert haben, der fast dem von Daimler Benz und Siemens zusammen entspricht (4).

Deutlich ist, daß insbesondere die Telekom-Gesellschaften eine entscheidende Rolle in dem Innovationsprozeß und bei der Entwicklung der dazu notwendigen Kraft spielen werden. Diese Unternehmen müssen diejenigen Qualitäten entwickeln, um einen Innovationsprozeß erfolgreich durchzuführen und mit den notwendigen Strukturen ausgestattet sein.

Jeder der mit einer Basisinnovation jemals umgegangen ist weiß, daß die Innovation scheu und sensibel ist, daß sie nur in einem bestimmten Umfeld gedeiht und daß eine konsequente Innovationpolitik dem Unternehmer auch unangenehme Konsequenzen abverlangt.

Was sind die besonderen Merkmale der Innovationen in der Telekommunikation, die einer Hochtechnologie?

1. Sie erzeugen Neues, neue Dienste, neue Leistungen aber in aller Regel auch Substitutionen. Die Digitaltechnik ersetzt die Analogtechnik. Breitband ersetzt Schmalband, Glasfaser ersetzt Kupfer, die Satellitenverbindung ersetzt das Koaxkabel usw.

Das Alte wird aber nur durch das Neue ersetzt, wenn es besser ist, besser im Hinblick auf Kosten, Qualität und Funktionalität. Dies ist Rationalisierung und damit ist der Kreislauf von Innovation, Substitution und Rationalisierung geschlossen. Wer Innovation betreiben will, muß mit derselben Konsequenz Substitution und Rationalisierung betreiben (5). Die Substitution ist jedoch ein ungeliebtes Kind, sie erfordert den Abbau und in der Regel ist die nicht getätigte Substitution das größte Hemmnis für die Innovation (6). Die enorme Breitenwirkung der Innovationen in der Telekomkommunikation ist deshalb so groß, weil sie neue Anwendungen schafft und gleichzeitig alte Technologien durch bessere ersetzt. Der Grund dafür liegt in der besonderen innovativen Kraft der Infrastruktur, denn die Infrastruktur ist die Grundlage für neue Dienste und Anwendungen. Die Infrastruktur-Innovation führt zu Neuem und Besserem, sie ermöglicht Wachstum und Kostenreduktionen zugleich. Die Infrastruktur ist Grundlage der Innovationen der Telekommunikation.

2. Basisinnovationen in der Telekommunikation sind teuer und werden noch teurer. Basisinnovationen bedürfen einer erheblichen Finanzkraft und das gilt für die Telekom-Gesellschaften als auch für die Telekom-Industrie. Die Entwicklungskosten für eine neue Vermittlungsgeneration liegen bei etwa zwei Mia DM, die für eine neue Chip-Generation betragen etwa eine Mia DM, und für das

notwendige Investment müssen mehrere Mia DM angesetzt werden. Nur wenige Unternehmen können diese Vorleistungen aufbringen, und nur wenige werden in der Lage sein, einen genügend großen Marktanteil zu erreichen, um jemals die geleisteten Vorleistungen zurückzuverdienen. Erschwerend kommt hinzu, daß die Skalengröße in der Telekommunikation einen praktisch unlimitierten Effekt hat. Die Basisinnovationen der Telekommunikation werden dazu führen, daß die Anzahl der Wettbewerber beschränkt bleibt, wahrscheinlich weiter sinkt. Dieses Problem kann nicht dadurch gelöst werden, daß weitere Wettbewerber für den Netzbetrieb zugelassen werden.

3. Die Basisinnovation braucht einen Heimmarkt und dies sollte der europäische Telekommunikationsmarkt sein. Die Richtigkeit dieser These ist uns in jüngster Zeit drastisch und plastisch bei der Basisinnovation Mikroelektronik vor Augen geführt worden (7).

Warum brauchen wir einen Heimmarkt?

Der Grund ist der, daß für die Hochtechnologien ein neues Gesetz gilt, das des Vorteils des first movers (8). Wer in einer Hochtechnologie der Erste ist, erzielt die höchsten Marktanteile. Dieses Unternehmen hat die bessere Chance, die hohen Fixkosten zu amortisieren und wegen der unlimitierten Skalenerträge höhere Gewinne zu machen.

Komparative Kostenvorteile sind also nicht gegeben, sondern werden gemacht (9) und zwar durch Basisinnovationen und deren frühzeitige Anwendungen. Dieser Anwendungsdruck muß in Europa von den europäischen, in Deutschland von der deutschen Telekom ausgehen, also vom Heimmarkt. Der Anwendungsdruck wird in Europa sicher nicht von der NTT oder den RBOCs ausgehen. In der Entstehungsphase einer Basisinnovation ist in Europa eine enge Kooperation zwischen Industrie und Netzbetreibern angesagt. Diese Heimmarkt-Bedingung kann nicht durch mehr Wettbewerb ersetzt werden, denn Wettbewerb fördert die Ausbreitung einer Basisinnovation, erzwingt aber nicht die Entstehung. Ein Lehrbeispiel ist die für Europa unglückliche Entwicklung des Halbleiterspeichermarktes.

4. Jeder der Basisinnovationen betreibt muß wissen, daß über die Entwicklung von zukünftigen, technologischen Innovationen, der Markt keine Aufschlüsse gibt. Die vom Wettbewerb ausgehenden Signale betreffen das tägliche Marktgeschehen. Dieser Marktmechanismus ist ein Informationssystem aus Angebot und Nachfrage und steuert sehr effizient die Investitionstätigkeit und diejenigen Innovationen, die auf Verbesserungen und Kostenreduktionen gerichtet sind. Ob, wann und mit welcher Intensität Ergebnisse von Basisinnovationen relevant werden, ist aus den Marktsignalen nicht zu entnehmen (10). Kein einziges Marktsignal wurde in der Entstehungsphase des Transistors oder der Mikroelektronik empfangen, obgleich visionäre Köpfe wußten, wenn auch intuitiv, was auf dem Markt geschehen würde.

Innovationen brauchen aber Signale und Visionen, sich auf den Markt alleine zu verlassen ist unzureichend, kann Imitation bedeuten, Imitation ist ein Wettbewerbsnachteil, den der first mover gewinnt.

Wichtig ist, daß alle technologischen Optionen für zukünftige Basisinnovationen von Herstellern und Betreibern gemeinsam bewertet und daraus Signale abgeleitet werden. Wichtig ist auch, daß die Telekom-Gesellschaften von ihren

Eigentümern einen klaren Innovationsauftrag erhalten und zwar im Interesse der Wettbewerbsfähigkeit der Telekom-Unternehmen und im Interesse der Volkswirtschaft, die eine moderne Telekom-Infrastruktur wünscht und fordert (11).

3 Wettbewerb

Die Marktwirtschaft ist bewährt und effizient. Sie beruht auf dem Prinzip des freien, ungehinderten, fairen Wettbewerbs. Der Staat soll Rahmenbedingungen schaffen, aber nicht in das Wettbewerbsgeschehen eingreifen. Durch Wettbewerb werden Preise gesenkt, die Qualität verbessert, die Innovation gefördert, die Rationalisierung erzwungen. Nur der wird sein Kapital mehren, Gewinn machen und Überleben, der in der Lage ist, Produkte und Dienste zu verkaufen, die vom Käufer gewollt und erwünscht sind, zu einem Preis, den dieser bereit ist zu bezahlen. Der Preis wird vom Markt diktiert. Wenn die Kosten des Unternehmens durch diesen Preis nicht gedeckt werden, besteht die einzige Alternative darin, aus dem Marktgeschehen auszuscheiden. Wettbewerb ist rigide, die Innovation dagegen sensibel. Die Frage ist, ob der Wettbewerb als Mittel für die Ausschöpfung aller Innovationsmöglichkeiten genügt und es ist zu überprüfen, welche Grenzen dem Wettbewerb gesetzt sind.

1. Wettbewerb funktioniert nur dann, wenn es eine Vielzahl von Wettbewerbern gibt und das Ausscheiden eines der Wettbewerber das Marktgeschehen nicht empfindlich stört. Im Infrastrukturbereich können wir nicht davon ausgehen, daß es genügend viele Wettbewerber gibt.

Dazu ein Beispiel:

Die gewaltig angestiegenen Fixkosten für eine neue Speichergeneration haben dazu geführt, daß die Anzahl der Wettbewerber in Europa noch etwa zwei beträgt. In Deutschland ist noch ein Unternehmen tätig, übrigens im Verbund mit anderen. Von einem Wettbewerb in Europa kann keine Rede mehr sein. Auch der globale Wettbewerb erstreckt sich auf drei japanische Unternehmen, mit einem Weltmarktanteil von etwa 90%, die, angeleitet durch ihre Regierung, eine gemeinsame Strategie für Basisinnovationen betreiben. Ist das globaler Wettbewerb? Akzeptieren wir eine ähnliche Situation in der Telekommunikation? Wohl kaum.

Offensichtlich eine Fehlentwicklung, die es zu vermeiden gilt und nicht durch Mismanagement erklärt werden kann.

2. Wettbewerb funktioniert nur dann, wenn bestimmte Regeln von allen Marktteilnehmern eingehalten werden. Das Prinzip der Reziprozität, daß international einheitliche Rahmenbedingungen fordert muß die Handelspolitik bestimmen. Diese Reziprozität ist jedoch heute in der Telekommunikation weder in Europa, noch in der Welt gegeben. Einkaufs- und Zulassungsbedingungen, Fördermaßnahmen, Standards, unausgesprochene und sichtbare Protektionen sind unterschiedlich von Land zu Land. Wettbewerbsverzerrungen sind Realität, diese abzubauen ist ein politischer Auftrag (11). Der Niedergang der Unterhaltungselektronik in den USA ist ein Beispiel.

3. Wettbewerb ist rigide, aber das marktwirtschaftliche Prinzip der Freiheit des Handelns des Einzelnen im Marktgeschehen, eröffnet dem Unternehmer die

Möglichkeit, am Marktgeschehen nicht teilzunehmen, wenn dem Unternehmer das Risiko zu groß oder die Wettbewerbsbedingungen zu unausgewogen erscheinen.

Marktwirtschaft schließt das Recht ein, etwas nicht zu tun. Basisinnovationen können also nicht erzwungen werden, denn der Wettbewerb kennt den Begriff der Pflicht etwas zu tun nicht, auch dann nicht wenn eine Basisinnovation volkswirtschaftlich unverzichtbar erscheint.

Beispiele dazu sind die Entwicklungen der Mikroelektronik, der Unterhaltungselektronik, der Computertechnik in Europa, an deren Ende der drohende Ausverkauf steht. Allerdings erscheint unser Theoriegebäude überprüfenswert, denn wenn auf die Gefahr des Verlustes von Hochtechnologien hingewiesen wird, ist die Antwort, daß man dann eben aufgrund komparativer Kostenvorteile etwas anderes produzieren müsse, also daß 100,– DM Kartoffelschips gleich 100,– DM Siliziumchips sind – das mag makelose Ökonomie sein, aber wo bleibt unsere Zukunft (12)?

4. Das Wettbewerbsprinzip fördert die Verbreitung der Innovation, insbesondere dann, wenn es sich um Innovationen handelt, die auf neue, bessere und billigere Dienste gerichtet sind. Bei Basisinnovationen im Infrastrukturbereich, insbesondere in der Entstehungsphase bedarf es anderer, zusätzlicher Anschubkräfte, die sich nicht aus dem Wettbewerbsprinzip herleiten lassen. Dazu ein Beispiel, das aufzeigen soll, daß in der Entstehungsphase der Wettbewerb eine untergeordnete Rolle spielt, daß für die Verbreitung Wettbewerb förderlich ist. Im Jahre 1950 war AT & T ein Monopolist und Eigentümer der Bell-Laboratorien, der Stätte wo der Halbleitereffekt theoretisch vorhergesagt wurde und der Transistor erfunden aber auch die technologischen Verfahren zur Herstellung entwickelt wurden. Als deutlich war, daß es sich hier um eine Basisinnovation handelt, entschloß sich AT & T allen Unternehmen der Welt, eine Lizenz über ihre Halbleiterpatente anzubieten, aber auch eine Lizenz über die Herstellungsverfahren, zu sehr akzeptablen Bedingungen, wohl in der Erkenntnis, daß Wettbewerb nötig ist, um eine Basisinnovation auch breit zu nutzen. Die bange Frage, die wir uns heute stellen müssen, lautet: ist AT & T heute im Wettbewerb stehend oder NTT in einer ähnlichen Situation, bereit, die Welt an einer Basisinnovation teilnehmen zu lassen? Die Antwort neigt wohl eher zu einem Nein.

Übrigens macht dies Beispiel deutlich, daß ein Monopolist durchaus in der Lage ist, eine weltbewegende Basisinnovation hervorzubringen.

4 Schlußbemerkung

Das Ziel ist deutlich: wir wollen eine wachsende, finanziell gesunde Telekommunikationbranche in Europa. Fehlentwicklungen, wie in anderen Elektronikbranchen, müssen vermieden werden. Um das Ziel zu erreichen, muß die Innovationskraft erhöht werden. Das hat Priorität. Der Wettbewerb vermehrt die Innovation, aber er hat Grenzen. Basisinnovationen, entscheidend für die Infrastruktur, bedürfen zusätzlicher Maßnahmen, die sich an den Merkmalen der Telekommunikations-Innovationen orientieren müssen:

– der besonderen, innovativen Kraft der Infrastruktur
– der hohen Fixkosten und der unlimitierten Skalengröße
– dem Vorteil des first movers
– der fehlenden Marktsignale

sowie in Erkenntnis der begrenzenden Effekte des Wettbewerbs,

– der nur dann funktioniert, wenn genügend viele Wettbewerber vorhanden sind
– der nur dann funktioniert, wenn das Prinzip der Reziprozität gilt
– der keine Basisinnovationen erzwingt.

Maßnahmen sind:

1. In einem kontinuierlichen Prozeß werden in Zusammenarbeit der Marktteilnehmer die Signale für zukünftige Basisinnovationen ermittelt und auf Fehlentwicklungen hingewiesen.
2. Eine Gesamtstrategie ist zu entwerfen, die zwingend zu Basisinnovationen führt.
3. Die Telekom-Gesellschaften müssen in der Entstehungsphase von Innovationen durch FuE-Programme, Versuchs- und Pilotprojekte die Chance eröffnen, first mover zu werden.
4. Der Regulierer muß auf die technologische Innovation verpflichtet werden und darf nicht in der Rolle verharren, lediglich mehr Wettbewerb zu schaffen.
5. Die Telekom-Industrie muß bereit sein, Innovationsvorleistungen zu erbringen und ihre Preise dem internationalen Niveau anzupassen.
6. Unsere Marktwirtschaft muß den besonderen Erfordernissen der Hochtechnologie angepaßt werden. Sie ist zu ergänzen durch ein mit Inhalt angefülltes Wort: zukunftsorientiert.

Ich hoffe deutlich gemacht zu haben, daß Innovationspolitik mehr ist als Wettbewerbspolitik.

Literatur

1. E. Witte. Infrastruktur und Innovation Telecommunications, Bd. 16. Springer Verlag, Heidelberg, 1991
2. Der Bundesmin. f. Post und Telekom. Gesetz zu Neustrukturierung des Post- und Fernmeldewesens der Deutschen Bundespost. Texte und Einführung R. V. Deckers Verlag, Heidelberg, 1989
3. Dr. Peter Broß. Umsetzung der Poststrukturreform Informationsserie zu Regulierungsfragen Bonn, 1991
4. The Global 1000 Business Week, July 13, 1992
5. G. Lorenz. Technologie u. wirtschaftliche Möglichkeiten der Mikroelektronik in: Mikroelektronik und Dezentralisierung Erich Schmidt Verlag, Essen, 1982
6. G. Lorenz. Größere Flexibilität durch Innovation Z. f. betriebswirtschaftl. Forschung, 1985
7. G. Lorenz. 40 Jahre Mikroelektronik Vortrag, Frauenhofergesellschaft, München, 1992

8. Booz, Allen und Hamilton. Integriertes Technologie und Innovationsmanagement
   Erich Schmidt Verlag, Essen, 1991
9. K. Seitz. Die japanisch-amerikanische Herausforderung, Bonn Aktuell Verlag, Stuttgart, 1992
10. R. Scheid. priv. Mitt., 1990
11. Der Bundesmin. f. Forschung und Technologie, Zukunftskonzept Informationstechnik
    Bonn, 1989
12. P. Glotz u. a. Die planlosen Eliten, Edition Ferency bei Bruckmann, 1992

Europa – Telekommunikationspartner der Welt?

G. Zeidler

1 Europa - „Global Player" in der Telekommunikation

Niemand könnte sich vorstellen, daß Europa in der Telekommunikationsbranche nicht für alle Zeiten einer der „Global Players" sein wird, denn in Europa gibt es nicht nur viele bedeutsame Herstellerfirmen, sondern auch bedeutende Fernmeldebetreiber. Aber dennoch gibt es wenige Monate vor Eintritt in den Binnenmarkt Sorgen wegen der dynamischen Entwicklung auf den Weltmärkten der Telekommunikation. Dies hat die Anhörung zur Wettbewerbsfähigkeit der IT-Industrie im September 1992 im Bundestag gezeigt. In Nebengesprächen war immer wieder der Vergleich zur Unterhaltungselektronik zu hören – ein Gebiet, auf dem Europa und speziell Deutschland vor 25 Jahren deutlich besser dastand als heute.

Europa hat vor dem Eintritt in den Binnenmarkt seine Strukturen in der Telekommunikation kritisch und selbstkritisch zu betrachten. Dieser Kongreß des Münchner Kreises ist dieser Frage gewidmet. Aber es muß auch seine Stellung im globalen Maßstab analysieren und definieren. Die in meinem Thema gestellte Frage „Telekommunikationspartner für die Welt?" führt direkt zu diesem Vergleich mit den anderen relevanten Akteuren in der Welt. Denn die Globalisierung der Telekommunikation ist nach weltweiten Restrukturierungsprozessen inzwischen Wirklichkeit. Nationale Telekommunikationsakteure sind globale Akteure mit Präsenz in den jeweiligen Ländern.

2 Globalisierung – Markt, F & E, Strategien

2.1 Weltmarkt – Equipment und Dienste

Bei der Betrachtung des Telekommunikationsmarktes – 1991 hatte er ein Volumen von über 412 Mrd. Dollar – wird in der Diskussion oft übersehen, daß dieser zu 80% aus Diensten und nur zu 20% aus Produkten bzw. Systemen (Equipment) besteht. Bei den bekannten Prognosen des Grünbuchs der EG beziehen heute noch manche zum Beispiel das Gesamtwachstum allein auf die Hersteller.

Beim Equipment – worunter Produkte und Systeme in den Bereichen Vermittlung, Übertragung und Terminals zu verstehen sind – sehen wir die heutige EG mit rund 28%, die USA mit 31% und Japan mit 13% vertreten. Das Interessante verbirgt sich in den Wachstumsraten: USA stagniert bereits, Europa wächst im Schnitt mit etwa 3%, Japan hingegen mit 4,3% pro Jahr. Bemerkenswert ist auch, daß innerhalb des Equipments der Anteil der Vermittlungstechnik in fünf Jahren um 10 % auf rund 40 % zurückgegangen ist, hingegen die Terminals an Marktbedeutung zunehmen. Zwischen 1980 und 1990 stieg zum Beispiel das Weltexportvolumen bei Terminals von 7 Mrd. auf 24 Mrd. Dollar. Die Anteile der USA, Japans und der EG haben sich aber deutlich zugunsten Japans verändert. Der europäische Anteil sank hier vor allem aufgrund der Produktionsverlagerung von 53 % auf 31 % im genannten Zehnjahreszeitraum.

Die Dienste wachsen zwar vom Verkehrsvolumen her deutlich, aber vom Umsatz her bei allen drei Triadenakteuren längst nicht mehr in dem Maße, wie dies aus älteren Prognosen immer wieder zitiert wird. Denn der Dienstemarkt wird bekanntlich durch die Einnahmen aus dem Telefonnetz dominiert (über 85 %), diese stehen aber unter einem erheblichen Preisdruck, woran selbst der Verkehrszuwachs durch den „Faxboom" tendenziell nichts ändert. In den USA sinken die Umsätze aus dem Telefondienst kontinuierlich, gemäß einigen Statistiken um 3 % pro Jahr. Angesichts dieser Tendenzen wird es zunehmend wichtiger, auch die Möglichkeiten neuer Dienste im (bzw. am) Telefonnetz zu erkennen und zu nutzen, um deutlich mehr Verkehr zu erzeugen. Die Dienste außerhalb des Telefonnetzes – zum Beispiel Daten- und Mobilfunkdienste – wachsen weltweit mit jährlich 5 %, die USA liegen in diesem Weltmarktsegment mit 40 % noch vor den schnell wachsenden Europäern mit 30 %. Daher gelten diesen neuen Diensten besondere Aufmerksamkeit und viele neue Begehrlichkeiten einer Vielzahl neuer Anbieter.

2.2 F & E Telekommunikation – Triadenregionen gleichauf

Während Europa bei den Schlüsseltechnologien wie Mikroelektronik, Optoelektronik und Software noch immer den Anschluß an die führenden USA und Japan sucht, kann man in der Telekommunikationstechnik von einer ausgeglichenen Leistungsspitze sprechen. Die Spitzenlabors stehen sich in der Triade beim Equipment in nichts nach, wenngleich einzelne wichtige Zubehörtechnologien – genannt seien japanische Flachdisplays für Endgeräte und nordamerikanische Basissoftware für Rechner – deutliche Technologieführung erkennen lassen.

Dennoch muß man bei einer Bewertung die absehbare Entwicklung der nächsten Jahre beachten. In Europa erscheint im Vergleich zur Triade der Innovationsprozeß relativ langsam. Einer der wichtigen Gründe hierfür ist: Die vertikale Integration in Japan und den USA erlaubt, beginnend bei der Grundlagenforschung über Anwendungsentwicklungen bis hin zur Fertigung, eine weitaus stärkere Parallelisierung der Tätigkeiten und schafft damit Zeitvorteile. Gleichzeitig fördert in diesen Ländern der enge Verbund von Entwickler, Produzent und Netzbetreiber einen eng an die Markterfordernisse ausgerichteten Innovationsprozeß mit dem Ergebnis eines wettbewerbswichtigen Vorlaufs.

Weltweit gilt zudem, daß insbesondere kleinere Hersteller nicht mehr in der Lage sind, die für eine globale Strategie notwendige Finanzkraft für die immer aufwendigere F&E aufzubringen. Für die europäische Industrie fehlt für manche umfangreiche Technikentwicklung der absolute Mittelrückfluß aus homogenen Märkten. Bei der F&E-Finanzierung sind nicht nur die bekannten Unterschiede der Finanzierung, sondern vor allem die bisherige Zersplitterung von Nachteil.

Eine europäische Antwort auf diese Herausforderungen war in den letzten Jahren die Vereinheitlichung der europäischen Normen – die Gründung und die Arbeit des ETSI ist hierfür signifikant. Europäische Vertriebserfolge außerhalb Europas, beispielsweise bei GSM (Alcatel in Australien) bestätigen diese Strategie. ETSI kann also den Export der „Vereinigten Staaten von Europa" unterstützen. Allerdings – und auch dies ist bekannt – nutzen die anderen Triadenmächte diese europäische Vereinheitlichungsstrategie durch aktive Mitarbeit in ihrem Sinne. Amerikaner und Japaner arbeiten längst „engagiert" in Sophia-Antipolis mit. Weil dies ein sehr einseitiger Vorgang ist, geraten die europäischen Hersteller dadurch schon wieder in eine nachteilige Position (Beispiel: GSM-Endgeräte).

2.3 Globale Strategien – Vertikalisierung und Verflechtung

In Europa muß man die Hersteller- und Betreiberstrategien getrennt betrachten, in USA und Japan kann man sie wohl nur gemeinsam ansehen. Beim Vergleich der europäischen Betreiber mit Betreibern aus USA und Japan fällt natürlich auf, daß die japanische NTT mit dem doppelten Umsatz der DBP Telekom einen unübersehbaren Vorteil hat. Die amerikanischen Regional Bell Operating Companies (RBOCs) erscheinen zwar ebenso zersplittert zu sein wie die europäischen Fernmeldebetreiber, aber jeder weiß, daß die Beziehungen der RBOCs untereinander eindeutig enger sind als die der Europäer zueinander. Tatsache ist, daß ein vertikal integriertes Unternehmen wie AT&T die notwendigen Systeme und Ausrüstungen bei der eigenen Produktionstochter beschafft. Dieses erhebliche Beschaffungsvolumen stellt einen sogenannten „captive market" dar, der anderen Anbietern kaum zugänglich ist.

Die Strategien der RBOCs und der NTT in den Heimmärkten und in der Welt sind deutlich erkennbar und beruhen auf einer klaren Dominanz im Heimmarkt. Zum Beispiel drückt sich in den USA die Beschaffungsmacht der sieben RBOCs darin aus, daß rund 80 % des gesamten US-Marktes für Vermittlungs- und Übertragungssysteme von diesen beschafft werden. Durch die traditionell bedingte enge Verbindung mit AT&T und wegen des großen installierten Bestandes an AT&T-Systemen ist es für europäische Anbieter sehr schwierig, einen Marktzugang zu finden, zumal die „privaten" US-Betreiber sich nicht zu öffentlichen Ausschreibungen verpflichtet fühlen. Europa hingegen öffnet im Binnenmarkt auch für Nichteuropäer die Grenzen. Hier besteht Handlungsbedarf, um die Wettbewerbsfähigkeit der europäischen Industrie zu erhalten. So kann die EG-Direktive für öffentliche Beschaffung nur mit einem gestärkten Artikel 29 fairen Wettbewerb und Schutz gegen eventuelle außereuropäischen Dumpingstrategien garantieren.

Neben den Strategien der verdeckten oder offenen Vertikalintegration kann man auch neue Betreiberstrategien erkennen. Nordamerikanische Betreiber beispielsweise übernehmen in anderen Ländern der Welt Anteile an den entsprechenden nationalen Betreibern und ziehen in diese Exportmärkte ihre Heimathersteller nach. Auf die Betreiberbeteiligung bis hin zur Übernahme haben bereits vor allem die vertikal integrierten Betreiber gesetzt. Und sie setzen die Strategie bereits um. In Konsequenz braucht Westeuropa als Pendant zu seinen aktiven Herstellern in der Breite eine ebenfalls aktive und flexible Betreiberstrategie im Ausland, Ansätze mag man bei British Telecom, France Télécom und der spanischen Telefónica erkennen. Dies ist eine besondere Herausforderung auch für die DBP Telekom und ihre Untergliederungen. Aber die Telekommunikationspolitik (Stichwort: Postreform II) muß ihr dafür bald die Voraussetzungen schaffen, weil Pioniereinsätze *jetzt* gefragt sind, nicht in ein paar Jahren. Sollten adäquate Lösungen mit den deutschen Herstellern nicht erreichbar sein, so sind diese selbst gefordert, vorübergehend oder andauernd im Exportmarkt auch Betreiberschaften zu übernehmen.

Europa hat auch Chancen: Neue Zugänge zu Märkten knüpfen sehr oft an traditionelle Beziehungen an. Um ein Beispiel zu nennen: Spanien und Portugal sind von Lateinamerika geographisch weiter entfernt als zum Beispiel USA und Kanada, kulturell stehen sie aber nach wie vor den Lateinamerikanern sehr viel näher. Sicher wichtig ist dabei auch die gemeinsame Sprache bzw. die gemeinsame Vergangenheit. Dies gilt auch für Frankreich und Westafrika, wo sich aus bekanntem Grund die Sprache und die Organisation der Verwaltung gleichen. Europa hat also aus seiner kulturellen und sprachlichen Vielfalt heraus auch einen Vorteil gegenüber den anderen Triadenmächten. Wenn wir immer wieder bedauern, wie zersplittert dieses Europa allein schon wegen der Sprachen ist, so sollten wir auch an diese Startvorteile für neue Zugänge zu wichtigen Märkten in der Welt denken. Natürlich ist dies in manchen europäischen Konzernen schon Strategie; man muß kein Insider sein, um die Vorteile einer solchen Stragetie zu erkennen.

3 Partnerschaft – europäische Strategie

Im Wettbewerb um den Weltmarkt hat Europa durchaus „Profilierungsmöglichkeiten". Das Stichwort für eine europäische Strategie könnte „Partnerschaft" lauten. Partnerschaft im wohlverstandenen Sinne, keine Kumpanei. Diese Strategie wird uns in gewissem Sinne aufgedrängt, anders sind nämlich die Herausforderungen durch die globalen Strategien der anderen Triadenmächte nicht zu kontern. In der Welt der Telekommunikation darf man aber – trotz der dominanten Marktgrößen – nicht nur über die Triade sprechen und dem Rest der Welt eine Schlußbemerkung widmen. Dies wäre aus mehreren Gründen kurzsichtig.

Der Osten hat uns in den letzten Jahrzehnten gezeigt, daß es einen Zusammenhang zwischen der politischen und sozialen Ordnung einerseits und den Kommunikationsstrukturen andererseits gibt. Den exakten Zusammenhang zum Beispiel zwischen einer stabilen Demokratie und dem Telefon mag die einschlägige Wissenschaft noch klären – für uns ist wichtig: Es *gibt* diesen Zusammenhang und seine Bedeutung ist uns erst heute richtig bewußt geworden. Er gilt für den Osten und den Süden genauso. Im Osten haben sich die politischen Rahmenbedingungen in den letzten Jahren dramatisch verbessert, im Süden hingegen haben sich die sozialen Rahmenbedingungen in den letzten Jahren verschlechtert.

3.1 Im Osten – Aufbau durch Transfer

Im Osten gibt es bereits funktionierende Einheiten in Verwaltung und Industrie, die aber auf Importe von Know-how und Technik angewiesen sind und dies auf absehbare Zeit bleiben werden. Auch wenn z. B. Kasachstan nach den OECD-Richtlinien ein Entwicklungsland ist, so ist es meines Erachtens mittel- und längerfristig als sich schon entwickelndes Land anzusehen.

Europa steht vor einer historischen Chance, einen von moderner Technologie weitgehend unbesetzten Markt mitten in Europa und tief nach Eurasien hinein mitprägen zu können. Obwohl sicher noch Jahrzehnte vergehen, bis die Volkswirtschaften im Osten von sozialistischen Planwirtschaften zu sozialen Marktwirtschaften transformiert sein werden, wäre es für Westeuropa ein Kardinalfehler, den Weg des kooperativen Technologietransfers zu vernachlässigen und das Feld passiv anderen zu überlassen.

Dabei wäre es ein folgenschweres Mißverständnis, wenn man seitens Westeuropa technologische Führerschaft und organisatorisches Können in Reißbrettentwürfe umsetzen würde, die von der anderen Seite nur zu akzeptieren sind. Es sind nämlich beileibe nicht „psychologische“, sondern ganz handfeste Faktoren, die uns diese Länder auch als gleichberechtigte Partner erscheinen lassen müssen. Infrastrukturen brauchen die Abstützung auf technisches Know-how vor Ort, um benutzer- und situationsgerecht sein zu können. Dies zeigen unsere Erfahrungen in den neuen Bundesländern und weiter im Osten, wo wir recht frühzeitig Partner gesucht und gefunden haben.

Ein zentrales Problem aller Infrastrukturaufgaben in den Ländern Osteuropas und der GUS ist die Finanzierung dieser gewaltigen Aufgaben. Und hier ist Phantasie gefragt. Nach bisheriger Erfahrung gibt es nicht die *eine* Lösung für die Finanzproblematik. Die Entscheidung zur Finanzierung eines wirtschaftlichen Vorganges beinhaltet immer eine Prognose künftiger Entwicklungen. Prognosen sind risikobehaftet. In den letzten Wochen wurde durch bürgerkriegsartige Unruhen auch in GUS-Ländern deutlich, welches Risikopotential ein instabiler Osten für uns alle bedeuten kann. Noch auf lange Sicht wird daher ein Teil des Risikos auch von der westlichen Politik und letztlich von der ganzen Gesellschaft mitgetragen werden müssen.

Aber es ist auch unsere Aufgabe, uns mit neuen Finanzierungsmodellen auseinanderzusetzen. Hier sind noch längst nicht alle Möglichkeiten geprüft. Das ganz zentrale Problem in den Ländern des Ostens ist die Devisenknappheit. Zwar quillt in mancher GUS-Republik z. B. das Erdöl schon aus dem Boden, aber dort versickert es vorerst auch wieder mangels Föderanlagen und Pipelines. Transportwege, Eisenbahnen und Fluglinien, d. h. weitere Infrastrukturen sind notwendig, und deren Realisierung steht oft in direktem Zusammenhang mit unserer Aufgabe in der Telekommunikation. Wir müssen künftig neben den Möglichkeiten des Computertrade auch beispielsweise aus der knappen Ressource „Kommunikation“ Devisen generieren können.

Es geht neben der Kenntnis der modernen Technologie nämlich auch um das Know-how zum Betreiben der Infrastruktur. Die nationalen Betreibergesellschaften, die nationalen Postverwaltungen des Ostens sind dazu – wie gesagt – häufig noch nicht in der Lage. Sie brauchen Partnerschaft, sie brauchen den entsprechenden Know-how-Transfer. Es ist unsere Herausforderung, hier adäquate Antworten zu finden. Wir dürfen diese Märkte nicht nur außereuropäischen Konkurrenten überlassen.

3.2 Im Süden – Hilfe durch Komplettlösungen

Im Osten haben wir die Ländergruppe betrachtet, die wegen der vorhandenen Ansätze für leistungsfähige Infrastrukturen als Schwellenländer oder sogar Industrieländer zu bezeichnen ist. Für den Süden gilt nun die umgekehrte Einschränkung auf die Entwicklungsländer bis hin zur Gruppe der sogenannten „Least Developed Countries".

Vor acht Jahren wurde – gemäß eines Beschlusses der Regierungsbevollmächtigten der internationalen Fernmeldeunion in Nairobi – im „Maitland-Report" unter dem Titel „The missing link" ein hohes Ziel klar ausgedrückt: „Bis Anfang des nächsten Jahrhunderts sollte unserer Ansicht nach praktisch jeder Mensch ein Telefon in erreichbarer Nähe haben und im Laufe der Zeit auch andere Fernmeldedienstleistungen in Anspruch nehmen können." Für die Erreichung dieses Ziels wurden zwanzig Jahre angesetzt. In dieser Empfehlung stand auch, daß die Hersteller und die Netzbetreiber gemeinsam Systeme entwickeln sollten, mit denen die Bedürfnisse der Bewohner von entlegeneren Gebieten in Entwicklungsländern mit einem geringeren Kostenaufwand gedeckt werden können. Und es wurde darauf verwiesen, daß einige Länder unter Umständen in der Lage seien, den Ausbau aus eigenen Mitteln zu finanzieren.

Hier haben sich die Dinge in wenigen Jahren dramatisch verschlechtert. Sowohl hinsichtlich der Auslandsverschuldung als auch im Hinblick auf die Bevölkerungsexplosion mit der Notwendigkeit der Versorgung mit Primärgütern wie Nahrung und Energie gibt es kaum noch Entwicklungsländer, in denen auf absehbare Zeit eigene Infrastrukturen gebaut und betrieben werden können. Es wäre verfehlt, diesen Ländern Hoffnung auf baldige flächendeckende Infrastrukturen zu machen und es wäre falsch, sie in Bezug auf die Telekommunikationsversorgung abzuschreiben.

Es müssen vielmehr neue Wege gesucht werden, die absolut unverzichtbaren Basiserfordernisse für Telekommunikation sicherzustellen. Es ist seit zehn Jahren bekannt, daß sich spezielle Anpassungen der Technik und der Organisation auf die Bedürfnisse der Entwicklungsländer angesichts der Kosten für die Hersteller kaum noch lohnen. Heute sind solche Anpassungen nicht mehr kostenneutral, sondern ein Zuschußgeschäft, das sich selbst große und größte Hersteller nicht mehr leisten können. Hier sind völlig neuartige Parterschaften mit den herrschenden Eliten der Entwicklungsländer notwendig. Basisversorgung kann zum einen den „Technik-Mix" von klassischer und moderner Technik bedeuten, es kann und muß aber auch den „Organisations-Mix" beinhalten.

Organisatorische Verantwortung kann hier in Einzelfällen bedeuten, daß ein Land zur Sicherung seiner Basisversorgung nicht nur die Technik komplett aus dem Lieferland übernimmt, sondern auch den Betrieb des Netzes völlig abtritt. Es muß – wie beim „Jäger Light" auch in der Telekommunikation unter dem Motto „System Light" – gespart werden, wo es geht: Die Tonbandansagen im

Telefondienst sind preiswert in jeder Landessprache darstellbar, aber eine nationale Eigenart z. B. bei Takten und Tönen, bei Gebührenerfassung und Maintenance kann zum hinderlichen Luxus werden. Ein politisch – auch *entwicklungspolitisch* – gut vorbereitetes und dann praktisch vorzeigbares Pilotprojekt mit einem Partnerland aus der Gruppe der ärmsten Länder, das von europäischen Herstellern und Betreibern auf die Beine gestellt würde, könnte besser für Akzeptanz des Modells sorgen als viele bunte Broschüren und gute Worte.

3.3 Im Westen – Wachstum durch Kooperation

Gegenüber den hochentwickelten Telekommunikationsmärkten des Westens, auch Nordamerika und Japan, ist Europa – insbesondere auf der Systemseite – durchaus wettbewerbsfähig. Wir sind exportfähig, so wie diese Länder auch den europäischen Markt keineswegs als unseren „Erbhof" ansehen. Es wird über die von mir erwähnten neuen Marktzugangsmöglichkeiten eine wechselseitige Durchdringung von Märkten entstehen und in bestimmten Fällen wird dies – faire Handelspraktiken vorausgesetzt – eine durchaus willkommene Arbeits- und Märkteteilung sein können. So wird etwa Europa mit Privatnetzen durchaus in Nordamerika Fuß fassen können, während wiederum die Nordamerikaner am wachsenden europäischen Mobilfunkmarkt und bei den Intelligenten Netzen auch in Europa Ansätze finden.

Überlegungen der Risikostreuung, der Verbesserung des Marktzugangs und der Nutzung von Synergien werden durch die Bildung von Kooperationen, Allianzen und Erwerb von Beteiligungen zunehmend umgesetzt. Noch gibt es allerdings in den globalen Beziehungen Verzerrungen: Während z. B. Europäer in den USA an einer Telefongesellschaft, die über eine Mobilfunklizenz verfügt, nur eine Beteiligung von maximal 20 % erwerben können, gibt es für außereuropäische Unternehmen in der EG keine Beschränkungen bei Beteiligungen und Übernahmen.

Partnerschaft ist auch wichtig für die anstehenden großen Zukunftsaufgaben der Branche. Die bereits im Labormuster verfügbaren Elemente einer universellen Breitbandinfrastruktur sind – was das technologische Know how betrifft – von Japan, USA und Europa je für sich beherrschbar. Zwei Gründe vor allem sprechen aber auch hier für ein kooperatives Vorgehen. Zum einen die noch gewachsene Notwendigkeit der internationalen Standardisierung, zum anderen könnten selbst in Japan die finanziellen Resourcen für die Systementwicklung in der Breite überfordert werden.

Speziell für Europa gibt es hier eine Chance, die angesichts der Erfolge der japanischen Strategien in den letzten Jahrzehnten vielleicht zunächst verblüffen mag: Nicht von den Japanern, in angrenzenden Branchen gewiß allzuoft Weltmeister im raschen praktischen Umsetzen von Technologien in Produkte, sondern von Europa erwarte ich den wesentlichen Beitrag bei der Gestaltung *komplexer* Dienste, wie sie die künftige Breitbandwelt bieten soll. Obwohl in Europa die Diensteentwicklung, besonders aber die Diensteeinführung, zu den Schwachstellen gehört, hat es hier Chancen in der Triade. Natürlich gilt diese

Erwartung nur dann, wenn wir die Möglichkeiten von gewinnträchtigen Diensten hinter dem kostenträchtigen Labormuster erkennen, wenn wir seitens der Betreiber und der Hersteller der Diensteentwicklung – von der Forschung über die Entwicklung bis zum umfassenden Marketing – mehr Nachdruck widmen als bisher.

4 Partnerschaft – europäischer Erfolg

Für die europäische Telekommunikationsbranche gilt wie selten das Schlagwort: Wir Europäer sitzen in einem Boot! Nicht die Aufhebung des Wettbewerbs zwischen Herstellern, sondern eine verstärkte vertikale Arbeitsteilung ist erforderlich. Um Partner sein zu können, bedarf es besonders in Deutschland sehr rasch einiger – auch nach außen – vertrauensbildender Maßnahmen im Beziehungsgefüge von Herstellern und Betreibern. Das reine „Liferantentum" wie das reine „Beschaffertum" können nicht die Zukunft sein. Partnerschaft heißt, daß die Welt der Telekommunikation, die ja mehr ist als nur ein Welt*markt* für Telekommunikation, gewisser Gestaltungsprozesse bedarf. Telekommunikations-Infrastrukturen sind eine Aufgabe „sui generis", die sich eben nicht nur mit den Mustern anderer Industrien – etwa globale Beschaffung von Einzelteilen – bewältigen läßt. Eine zunehmende Regulierungserfordernis ist auch Konsequenz der eingeleiteten Liberalisierung und Marktöffnung. Ich verkenne nicht, daß es notwendig sein wird, auch zeitaufwendige Abstimmungsprozesse zwischen Betreibern und Herstellern zu generieren, dies gilt für die strategische Ebene wie für die operative Ebene.

Ob mit dieser Strategie – vielleicht trifft der Ausdruck „vertikale Kooperation" unsere Intention besser als die „vertikale Integration" – Europa der gewohnte Telekommunikationspartner für die Welt bleiben wird, ist heute noch nicht schlüssig zu beantworten. Zum Verdrängungswettbewerb entschlossen stehen außereuropäische Anbieter vor der Tür des Binnenmarktes, die schon mehr als einen Spalt offensteht. Wir wollen keine „Festung Europa". Aber ein Ringen mit rationalen Argumenten, mit plausiblen mittelfristigen Strategien und einem erkennbaren Nutzen für alle ist im Gang. Sollten Wettbewerber in Europa Marktstrategien des „catch as catch can" anwenden dürfen, dann wird das Fragezeichen hinter dem Telekommunikationspartner für die Welt stehen bleiben und bedeuten, daß der Weltmarkt nicht mehr *lockt*, sondern daß der Weltmarkt *droht*.

Ich trete dafür ein, daß wir das Fragezeichen in ein Ausrufezeichen verwandeln.

Europäische Telekommunikationspolitik

H. Ungerer

1 Einleitung

Die Entwicklung von Wettbewerb und Regulierung im europäischen Kommunikationssektor ist an einem kritischen Punkt angelangt. Einerseits zeigen nun die durchgesetzten Reformen reale Markteffekte, andererseits hat sich eine Dynamik entwickelt, die es unausweichlich erscheinen läßt, die nächsten Schritte zur Entwicklung des europäischen Telekommunikationssektors zu tun.

Eine globale Herausforderung für den europäischen Telekommunikationssektor wird die Entwicklung der transeuropäischen Netze und die Bewältigung des Aufbaus leistungsfähiger Infrastrukturen in den Ländern Mittel- und Osteuropas sein, in denen die Telekommunikation eine wesentliche Rolle spielen wird – wie am Beispiel der neuen Bundesländer überdeutlich.

Der wichtigste Programmpunkt für die EG-Telekommunikationspolitik ist derzeit ohne Zweifel der sogenannte „Review", die Überprüfung der noch bestehenden Dienstemonopole im Bereich des Telekommunikationsmarktes, insbesondere des Sprachmonopols, die im EG-Grünbuch und in der EG-Gesetzgebung für dieses Jahr vorgesehen war. Dieses Thema wird am morgigen Tag sicherlich von Herrn Professor Dr. Ehlermann im Rahmen von EG-Wettbewerbsrecht und Telekommunikation angeschnitten werden und ich werde deswegen nur einige kurze Anmerkungen hierzu machen.

Ich möchte mich hier auf einige wichtige andere Themen der EG-Telekommunikationspolitik konzentrieren. Erstens, das relative Gewicht von EG und nationaler Ordnungspolitik. Dabei geht es um die Implementierung des Prinzips der Subsidiarität in diesem Sektor, die als allgemeines Prinzip durch die Diskussion der letzten Zeit zentrale Bedeutung gewonnen hat.

Zweitens, Restrukturierung und Finanzierung. Die Kapitalbeschaffung wird für die europäischen Telkoms für zukünftige Netzinvestitionen ein wesentliches Problem sein. Dies ist natürlich hier in der Bundesrepublik und in den Ländern Mittel- und Osteuropas bereits jetzt von aktueller Bedeutung. Allgemein ist europaweit eine Debatte über die zukünftige Struktur des Sektors und über Privatisierung zu erwarten.

Drittens, Satelliten und Mobilfunkkombination. Beide Sektoren werden weiterhin wesentliche Triebkräfte der Reformen sein.

Lassen Sie mich aber zunächst auf den gegenwärtigen Stand der europäischen Telekommunikationspolitik eingehen.

2 Rückblick

Wie im „Review" dargestellt, ist die Entwicklung der europäischen Telekommunikationspolitik seit 1984 in zwei Phasen zu sehen.

Erste Phase 1984–1987

Entsprechend dem vom EG-Ministerrat am 17. Dezember 1984 verabschiedeten Telekommunikationsprogramm wurde die Entwicklung der Telekommunikationspolitik der Gemeinschaft in dieser ersten Phase von fünf Leitlinien bestimmt:

- Koordinierung der Entwicklung der Telekommunikationsnetze in der Gemeinschaft.
  Das Schwergewicht lag auf den wichtigsten Stufen der Netzentwicklung: das diensteintegrierende digitale Netz (ISDN); die digitale Mobilfunkkommunikation, insbesondere Förderung der Einführung des neuen europäischen Mobilfunksystems GSM, hier in der Bundesrepublik als D1 und D2 bekannt; künftige Einführung der Breitbandkommunikation im Rahmen des Race-Programms;
- erste Schritte in Richtung auf einen EG-weiten Endgeräte- und Netzgerätemarkt;
- europaweite offene Standards;
- Forschung und Entwicklung, Definitionsphase des RACE-Programms;
- Förderung von Telekommunikationsinvestitionen in den benachteiligten Randregionen der Gemeinschaft. Dies wurde der Ausgangspunkt des STAR-Programms;
- erste Schritte in Richtung auf gemeinsame europäische Standpunkte bei den internationalen Diskussionen.

Diese erste Phase konzentrierte sich darauf, auf der Grundlage der vorhandenen Strukturen die Entwicklung in kleinen Schritten voranzutreiben.

Zweite Phase 1987–1992

Mit der Veröffentlichung des EG Grünbuchs zur Telekommunikation im Jahre 1987 weitete sich die Telekommunikationspolitik der Gemeinschaft auf eine Reform der ordnungspolitischen Strukturen des Sektors aus – parallel zur gleichlaufenden Entwicklung in der Bundesrepublik im Rahmen der Regierungskommission Fernmeldewesen unter Vorsitz von Herrn Professor Dr. Witte.

Das Grünbuch stellte eine Reihe von Zielsetzungen für die Verwirklichung des europaweiten Binnenmarktes in diesem Bereich auf:

- Liberalisierung des Angebots und die Bereitstellung von Endgeräten und Netzanlagen;
- Liberalisierung der Dienste, mit vorläufiger Ausnahme des Sprach-Telefondienstes und des Betriebs der Netzinfrastruktur, wobei den Mitgliedstaaten hinsichtlich des letzteren Punktes die Entscheidung freigestellt wurde;

- Trennung der hoheitlichen und betrieblichen Funktionen mit dem Ziel der Schaffung gesunder Strukturen für einen leistungsfähigen Markt;
- Einführung des offenen Netzzugangs und Gewährleistung der Interoperabilität und des Netzverbunds (Open Network Provision – ONP);
- Förderung der europäischen Normung durch Errichtung des Europäischen Instituts für Telekommunikationsnormen (ETSI);
- volle Anwendung des EG-Wettbewerbsrechtes auf den Sektor.

Diese allgemeinen Ziele wurden anschließend in rascher Folge durch Verabschiedung einer Reihe von Richtlinien, insbesondere auf dem Gebiet der Endgeräte, des öffentlichen Auftragswesens, der Dienste und des offenen Netzzugangs (ONP) verwirklicht. Im Anhang sind die wichtigsten EG-Richtlinien angeführt. Im Dezember 1990 wurde die Kommissionsrichtlinie 90/388/EWG über den Wettbewerb auf dem Markt für Telekommunikationsdienste und Ratsrichtlinie 90/387/EWG über den offenen Netzzugang angenommen.

Im November 1990 legte die Kommission ein spezielles Grünbuch zur Satellitenkommunikation vor. Damit wurde der Grundsatz der Liberalisierung auf diesen Markt ausgedehnt.

Im Dezember 1987 wurde ebenfalls das Programm RACE als wichtigstes FuE-Programm der Gemeinschaft im Telekommunikationssektor verabschiedet.

Gleichzeitig wurden FuE-Programme in benachbarten Gebieten in Kraft gesetzt: AIM (Medizin), DELTA (Erziehungswesen) und DRIVE (Verkehr). Mit dem TEDIS-Programm und dem IMPACT-Programm wurden Programme für den Elektronischen Datenaustausch (EDI – Electronic Date Interchange) bzw. für Informationsdienste eingeführt.

Das STAR-Programm zur Unterstützung der Randregionen der Gemeinschaft in der Telekommunikation lief 1987 an. Ihm folgt nun das Programm Telematik. Schließlich wurde die Grundlage für ein koordiniertes Vorgehen bei der Einführung des hochauflösenden Fernsehens (HDTV) in der Gemeinschaft geschaffen.

Mit dem derzeit laufenden dritten Rahmenprogramm wurde die FuE-Politik in diesem Bereich in einen Gesamtrahmen integriert, der die Verwirklichung der transeuropäischen Netze als eine zentrale Rolle für die Telekommunikation im europäischen Binnenmarkt sieht.

Im September dieses Jahres hat die EG-Kommission die Leitlinien für das vierte FuE-Rahmenprogramm für den Zeitraum von 1994 bis 1998 vorgestellt.

Parallel zu dieser Entwicklung bestätigte der Europäische Gerichtshof die grundsätzliche Ausrichtung der europäischen Telekommunikationspolitik in mehreren Grundsatzurteilen. Im Jahre 1985 bestätigte der Europäische Gerichtshof die volle Anwendbarkeit des EG-Wettbewerbsrechtes auf den Sektor. Im März 1991 bestätigte der Gerichtshof die Kommissionsrichtlinie zur Liberalisierung des Endgerätesektors. Schließlich bestätigte der Gerichtshof letzte Woche in einem Urteil die Kommissionsdiensterichtlinie in den wesentlichen Punkten.

3 Gegenwärtiger Stand

Das EG-Grünbuch stellt ein Programm zur Integrierung des Telekommunikationssektors in die Marktwirtschaft dar. Ihm liegt die Überzeugung zugrunde, daß es nicht vorstellbar ist, einen wirtschaftlichen Sektor dieser Größenordnung und Bedeutung als Querschnittsdienstleistung auf Dauer weiter ohne schwere Effizienz- und Produktivitätsverluste von der vollen Anwendung marktwirtschaftlicher Prinzipien ausnehmen zu können. Der Vertrag von Maastricht integriert als Titel XII auch formal Telekommunikation als wesentliche transeuropäische Infrastruktur in den EG-Vertrag. Dort heißt es, daß „die Gemeinschaft zum Auf- und Ausbau transeuropäischer Netze in den Bereichen der Verkehrs-, Telekommunikations- und Energieinfrastruktur" beiträgt. Weiter: „Die Tätigkeit der Gemeinschaft zielt im Rahmen eines Systems offener und wettbewerbsorientierter Märkte auf die Förderung des Verbunds und der Interoperabilität der einzelstaatlichen Netze sowie des Zugangs zu diesen Netzen ab".

Das EG-Grünbuch ist im europäischen Kontext und in der Wechselwirkung mit der Poststrukturreform in der Bundesrepublik von 1989 zu sehen. Einerseits war das EG-Grünbuch einer der wesentlichen Faktoren der Poststrukturreform in der Bundesrepublik und sicherte diese Reform europaweit ab, andererseits beeinflußte die Reform in der Bundesrepublik wesentlich die europäische Rahmenreform.

Gemeinsam wurden durch fortschreitende Liberalisierung die wesentlichen Bedingungen für ein neues Marktumfeld geschaffen. Durch die nationale und die europaweite Marktöffnung haben sich neue Anbieter im Mehrwertdienste- und Datenbereich entwickelt.

Europaweit sind die EG-Richtlinien zur Liberalisierung des Geräte- und Dienstmarktes inzwischen weithin umgesetzt und werden vom 1. Januar 1993 an voll marktwirksam werden. Lassen Sie mich als wichtigste Etappen – neben der Reform in der Bundesrepublik – die Reformen in Frankreich, den Beneluxstaaten aber auch Dänemark, Griechenland, Irland, Italien, Portugal und Spanien nennen, wo Reformen ebenfalls bereits umgesetzt oder auf gutem Wege sind.

Die Bundesrepublik kann aufgrund der dynamischen weiteren Liberalisierung seit der Poststrukturreform von 1989 – neben Großbritannien – als Vorreiter der Liberalisierung in Europa angesehen werden. Hierzu hat insbesondere die Einführung des Wettbewerbs im Mobilfunk- und Satellitenbereich beigetragen. Die laufende Diskussion über die Poststrukturreform II kann die Bundesrepublik zu einem Meinungsführer der weiteren Reformen in Europa machen.

4 Europäische Ordnungspolitik und nationale Regulierung

Die wechselseitige Beziehung von EG und nationaler Ordnungspolitik wird in Zukunft – als Folge der laufenden Diskussionen – wesentlich durch das Prinzip der Subsidiarität geprägt sein.

Subsidiarität bedeutet letztendlich, daß jede Aufgabe auf der bestmöglichen Ebene gehandhabt werden soll: Länderebene, nationale und europäische Ebene.

Mit anderen Worten, der Telekommunikationssektor in Europa muß sich in einem dezentralisierten Umfeld entwickeln können.

Lassen Sie mich das Prinzip der Subsidiarität in der europäischen Telekommunikationspolitik anhand von zwei konkreten und gleichzeitig zentralen Beispielen erklären:

Europaweite Gerätezulassung

Die Europäische Gemeinschaft hat parallel und komplementär zu ihrem Liberalisierungsprogramm ein Harmonisierungsprogramm eingeleitet. Dies betrifft insbesondere die Einführung von Verfahren für die europaweite Gerätezulassung und für den europaweiten Netzzugang.

Im Frühjahr letzten Jahres nahm der EG-Ministerrat die sogenannte zweite Endgeräterichtlinie (Richtlinie 91/263/EWG) an, welche die Verfahren für die europaweite Gerätezulassung festlegt. Endgeräte, die konform mit europäischen Normen zugelassen worden sind, können frei im gesamten Bereich der EG betrieben werden. Damit bildet die Richtlinie eine notwendige Ergänzung zur Liberalisierung des Endgerätemarktes. Die Zulassungsverfahren werden nun in allen Mitgliedstaaten anlaufen.

Die Richtlinie illustriert die praktische Anwendung des Subsidiaritätsprinzips. Es ist *nicht* die Europäische Kommission, sondern das Europäische Institut für Telekommunikationsnormen (European Telecommunications Standards Institute – ETSI), das für die Details der Normenfestsetzung verantwortlich ist und das unter voller Beteiligung der Industrie, der Telkoms und der Benutzer aus den EG-Mitgliedstaaten, den EFTA-Ländern und den Ländern Mittel- und Osteuropas die notwendige Festlegung der Normen durchführt.

Die Richtlinie wird nur schrittweise im Markt voll zur Geltung kommen. Zunächst wird sie sich vor allem auf dem Mobilfunksektor auswirken, insbesondere im Bereich des neuen paneuropäischen digitalen Mobilfunksystems, des GSM – in der Bundesrepublik D 1 und D 2. Ein weiterer wichtiger Bereich, der in Angriff genommen werden wird, ist das ISDN.

Die praktische Bedeutung der Richtlinie wird proportional der Ausarbeitung der notwendigen europäischen Normen ansteigen. Wir erwarten, daß die Richtlinie den Markt von 1993 an wesentlich beeinflussen wird und daß die vollen Vorteile im Laufe der folgenden zwei Jahre zur Geltung kommen werden.

Offener Netzzugang (Open Network Provision – ONP) und wechselseitige Anerkennung der Lizenzen

Ein weiteres wesentliches Beispiel ist der offene Netzzugang und die wechselseitige Anerkennung von Lizenzen. Am 15. Juli legte die EG-Kommission dem EG-Ministerrat und dem Europäischen Parlament zwei wichtige Vorschläge in diesen Bereichen vor: erstens den Entwurf einer Richtlinie für die Anwendung des ONP – des offenen Netzzugangs – auf das allgemeine Telefonnetz, sowie zweitens den Entwurf einer Richtlinie zur wechselseitigen Anerkennung von nationalen Lizenzen für Telekommunikationsdienste einschließlich der Einführung europaweit gültiger Lizenzen für Telekommunikationsdienste und der Errichtung eines „Community Telecommunications Committee" (CTC).

Die beiden Richtlinienentwürfe können als Prototypen einer neuen Generation von EG-Richtlinien gelten. Das Prinzip der Subsidiarität bestimmt beide Entwürfe wesentlich. Die neue Zielrichtung kann folgendermaßen zusammengefaßt werden:

- Priorität für kommerzielle Abkommen, d. h. Intervention des Regulierers nur wenn unbedingt notwendig;
- Regulierung dezentral, mit dem nationalen Regulierer als erster Anlaufstelle, erst an zweiter Stelle ein Mitwirken der EG-Kommission;
- maximale Flexibilität für Dienstedifferenzierung, jedoch kombiniert mit einem garantierten Mindestangebot von gemeinsamen Netzfunktionalitäten europaweit. Dies sollte die notwendigen „*economies of scale*" sichern.

Bevor ich die neuen Vorschläge näher erläutere, lassen Sie mich kurz auf den gegenwärtigen Stand der EG-Richtlinien zum offenen Netzzugangs eingehen. Wie erwähnt, wurde im Juni dieses Jahres die EG-ONP-Richtlinie bezüglich Mietleistungen durch den EG-Ministerrat angenommen. Die beschlossenen Maßnahmen werden im Juni 1993 in allen EG-Mitgliedstaaten in Kraft treten. Die Richtlinie wird europaweit ein Mindestangebot von analogen und digitalen Leistungen bis 2 Mbps garantieren. Höhere Bandbreiten sollen entsprechend der Marktentwicklung einbezogen werden.

Hierzu hat die EG Aufträge an das ETSI vergeben, um die notwendigen Normen für das Angebot für Mietleitungen größerer Bandbreite festzulegen. Dies ist wesentlich für die zukünftige europaweite Verknüpfung von LANs, MANs, und Anwendungen großer Bandbreite, wie für die geschäftliche Kommunikation insgesamt.

Ebenso wurden EG-Empfehlungen zur Anwendung des ONP auf das Diensteintegrierende Digitale Netz (ISDN) und der öffentlichen paketvermittelten Dienste – hier in der Bundesrepublik DATEX-P – vom Ministerrat in Kraft gesetzt.

Gemeinsam werden diese drei Maßnahmen eine neue Grundlage europaweit für die neuen Diensteanbieter im Wettbewerbsbereich schaffen.

Lassen Sie mich kurz eine Bemerkung zum Vorschlag betreffend europaweiter Lizenzierung anfügen. Dieser Vorschlag soll, nach Annahme durch den EG-Ministerrat und das Europäische Parlament, es dem Lizenznehmer ermöglichen, die gemeinschaftsweite Geltung seiner Lizenz zu beantragen – oder in anderen Worten – die Umformung der Lizenz in eine „Single Community Telecommunications Licence", ohne weitere zusätzliche Verfahren in den anderen EG-Mitgliedsstaaten erlauben. Dadurch soll dem Anbieter ermöglicht werden, sein Angebot an Telekommunikationsdienste über den gesamten EG-Raum auszuweiten, ohne zusätzliche Lizenzanträge in den einzelnen EG-Mitgliedsländern stellen zu müssen. Im allgemeinen wird eine Änderung der bestehenden nationalen Lizenzen nicht erforderlich sein. Für komplexere Fälle ist ein Verfahren für die Anpassung der Lizenz vorgesehen.

5 Restrukturierung

Der Telekommunikationsdienstemarkt in der Europäischen Gemeinschaft könnte neuesten Studien zufolge bis zum Jahre 2010 von derzeit ECU 80 Mrd. (DM 160 Mrd.) auf etwa ECU 340 Mrd. (DM 680 Mrd.) gesteigert werden.

Entsprechend den vorliegenden Studien müßten die Netzbetreiber in der Europäischen Gemeinschaft insgesamt ECU 440 Mrd. (DM 880 Mrd.) real allein während der 90iger Jahre investieren, um eine solche Marktausweitung zu ermöglichen. Dies würde ein reales Anwachsen des jährlichen Investitionsbedarfs um etwa 50 % während dieses Jahrzehnts bedeuten.

Angesichts des gewaltigen Investitionsbedarfs des Sektors ist zu erwarten, daß der Telekommunikationssektor in der Europäischen Gemeinschaft allgemein in eine neue Phase der Reformdiskussion eintreten wird.

Die derzeit laufende Diskussion in der Bundesrepublik über die Postreform II ist hierfür als wichtiges Forum anzusehen. Restrukturierung wird ein Kernpunkt der logischen Fortsetzung der Reform sein. Die Trennung von hoheitlichen und betrieblichen Funktionen im Rahmen der ersten Reformphase – in der Bundesrepublik das Poststrukturgesetz von 1989 – hatten als eine wesentliche Konsequenz die organisatorische Neustrukturierung der Netzbetreiber – ich darf hier nur auf die kürzlich angekündigte fundamentale Neustrukturierung der TELEKOM hinweisen. In den einzelnen europäischen Ländern wird die weitergehende Diskussion nun von einer Reihe von Faktoren abhängen.

Die Finanzstrukturen der Telekommunikationsunternehmen werden eine bestimmende Größe sein. Ein weiterer wichtiger Gesichtspunkt wird die Notwendigkeit sein, eine größere Unabhängigkeit der Telekommunikationsunternehmen von der öffentlichen Hand zu erreichen und marktorientierte Managemententscheidungen zu ermöglichen. Selbstverständlich wird in einer Reihe europäischer Länder und natürlich auch in der Bundesrepublik der öffentliche Infrastrukturauftrag und der Dialog mit den Beschäftigten im Zentrum der Diskussion der möglichen Modelle stehen.

Insgesamt deutet die gegenwärtige Entwicklung des Sektors europaweit auf eine stark an Bedeutung gewinnende Rolle der privaten Investitionen hin, entweder durch Privatisierung einer Reihe von bestehenden Telekommunikationsunternehmen oder durch neue Markteintritte – oder beides zugleich.

Dieser Trend scheint sich europaweit vor allem durch den Markteintritt neuer privater Anbieter im Mobilfunk zu bestätigen – wie hier in der Bundesrepublik mit dem D 2-Anbieter und der laufenden E 1-Ausschreibung.

In der Tat scheint die Debatte über Privatisierung – parallel zur laufenden Diskussion hier in der Bundesrepublik – europaweit schnell voranzuschreiten. Ich möchte hierzu nur den kürzlich erfolgten zweiten Schritt in der Privatisierung von British Telcom und die Entwicklung in den Niederlanden und Portugal erwähnen.

Bei der Festlegung ordnungspolitischer Rahmenbedingungen werden sich die nationalen Regulierer einer zweifachen Aufgabe gegenüber sehen: einerseits der Aufrechterhaltung und Weiterentwicklung fairer Wettbewerbsbedingungen, andererseits der Wahrung der Interessen der Allgemeinheit und besonders des Infrastrukturauftrags. Es scheint klar, daß die Ordnungspolitik bei jeder weitergehenden Liberalisierung und Privatisierung zugleich die Aufrechterhaltung der

Sozialverpflichtung der Telekommunikation, wie Flächendeckung aber auch Schutzbedürfnisse der Allgemeinheit, wie Datenschutz und Datensicherheit, sicherzustellen hat.

6 Satellitenkommunikation und Mobilfunk

Satelliten- und Mobilfunk haben während der letzten beiden Jahren den Reformprozeß wesentlich vorangetrieben. Führende Länder in Europa waren die Bundesrepublik, Frankreich und natürlich Großbritannien. Diese Sektoren werden weiterhin den allgemeinen Trend hin zur Liberalisierung in großem Maße beeinflussen.

Satellitenkommunikation

Das spezielle EG-Grünbuch zur Satellitenkommunikation wurde im Herbst 1990 veröffentlicht. In der Folge wurden wesentliche Schritte hin zur Liberalisierung in diesem Bereich in der Bundesrepublik, in Frankreich und Großbritannien getan. In diesen drei Ländern wurden eine Reihe von Satellitennetzen lizenziert.

Das Satelliten-Grünbuch wurde im Herbst letzten Jahres vom EG-Ministerrat angenommen und stellt jetzt einen Rahmen für die zukünftige Entwicklung dieses Kommunikationsmediums in der Gemeinschaft dar.

Es kommt nun auf die schnelle Umsetzung dieses Rahmens an. Wir werden in Kürze einen Vorschlag zur Ausweitung der Richtlinie 91/263 bezüglich der europaweiten Gerätezulassung auf Satellitenfunkanlagen vorlegen. Die Kommission beabsichtigt weiter, in Kürze EG-Richtlinien zur Liberalisierung von Satelliten-Netzen und -Diensten in der gesamten Europäischen Gemeinschaft sowie für die volle wechselseitige Anerkennung der Lizenzen vorzulegen. Dies soll eine einzige Lizenz für den europaweiten Betrieb von VSAT-Systemen möglich machen.

Wir begrüßen die Fortschritte, die bezüglich der Verbesserung des Zugangs zum Raumsegment, d. h. der Satellitenkapazität, vor kurzen gemacht worden sind, wobei insbesondere die Bundesrepublik und Frankreich vorangegangen sind. Es wird auch notwendig sein, gemeinsame europäische Positionen bezüglich der neuen globalen Systeme vorzuschlagen, die sich in diesem Sektor derzeit entwickeln – der sogenannten LEOs (Low Earth Orbit Satellites), die seit der Weltweiten Funkkonferenz WARC 92 der ITU zu einem zentralen Thema geworden sind.

Mobilfunkkommunikation

Lassen Sie mich nun einige kurze Anmerkungen zur Mobilfunkkommunikation machen. In diesem Sektor hat Europa wesentliche Fortschritte hin zur Liberalisierung gemacht, ebenso wie in der Standardisierung. Auf EG-Ebene wurden Richtlinien angenommen, die die Entwicklung der europaweiten digitalen Systeme absichern. Dies betrifft das GSM, hier D 1/D 2, den Vorreiter der europäischen

Mobilfunkentwicklung, DECT, das schnurlose digitale Telefon, und ERMES, das neue europaweite Funkrufsystem.

Unsere jüngsten Analysen zum Stand der Einführung des GSM-Systems – jetzt „Global System for Mobile Communications" genannt – zeigen, daß die Implementierung jetzt europaweit zügig voranschreitet, sowohl in der EG wie auch den Ländern der Europäischen Freihandelszone und seit neuestem auch in den neuen Ländern Mittel- und Osteuropas. In der GUS hat Rußland vor kurzem angekündigt, daß es die Ausschreibung von GSM-Systemen beabsichtigt.

GSM macht rasche Fortschritte auch außerhalb Europas, wie die jüngsten Entwicklungen im pazifischen Raum – Singapur, Hong Kong, Australien – zeigen. Mit dieser Entwicklung wird GSM weltweit zu einem Basisstandard für digitale Mobilfunksysteme, insbesondere mit seiner Ausweitung zum sogenannten DCS 1800 Standard für persönliche mobile Kommunikation – PCN, „Personal Communications Networks".

Lassen Sie mich hier ein kurzes Wort zur Entwicklung von PCN anfügen. Mit der E 1-Lizenz in der Bundesrepublik ist die PCN-Entwicklung an einem entscheidenden Punkt angelangt. Das Grundkonzept des PCN – Ausweitung des traditionellen Mobilfunks hin zu einem Massendienst – führt unweigerlich europaweit zu den Problemstellungen, die während der Vorbereitungen der E 1-Ausschreibung in der öffentlichen Diskussion zu Tage traten: Die Frage der Differenzierung des PCN bezüglich der „traditionellen" GSM-Mobilfunkdienste; Grundsatzfragen in bezug auf einen möglichen Substitutionswettbewerb mit dem stationären Telefondienst; das sehr viel höhere Investitionsvolumen und damit Risiko, das unweigerlich mit der Ausweitung des zellularen Mobilfunkdienstes auf einen Massendienst im Sinne des PCN verbunden ist.

7 Der Review

Der derzeit laufende „Telecom Review" liegt konsequent auf der Linie der bisherigen EG-Telekommunikationspolitik: Liberalisierung als Grundgebot, bei gleichzeitiger Schaffung stabiler Rahmenbedingungen für alle Marktteilnehmer.

Das EG-Grünbuch sieht vor, daß das Prinzip der Gewährung von ausschließlichen Rechten – Monopolrechten – restriktiv auszulegen und in regelmäßigen Zeitabschnitten zu überprüfen ist, wobei die „technologische Entwicklung und insbesondere die Entwicklung hin zu einer digitalen Infrastruktur zu berücksichtigen sind."

Die EG-Diensterichtlinie von 1990 und die EG-ONP-Rahmenrichtlinie setzen für diese Überprüfung für dieses Jahr verbindlich fest. Die Kommission hat am 21. Oktober ein Grundsatzpapier hierzu veröffentlicht, das als Grundlage der laufenden Konsultation dienen soll (SEK (92) 1048, Mitteilung der Kommission, „Prüfung der Lage im Bereich der Telekommunikationsdienste 1992"). Herr Professor Dr. Ehlermann wird im Rahmen des EG-Wettbewerbsrechtes sicher näher auf den Review eingehen.

Drei grundsätzliche Fragen stehen zur Entscheidung an:

- Wie weit kann Liberalisierung derzeit weiter voranschreiten – unter Berücksichtigung der Notwendigkeit, stabile Rahmenbedingungen für den Sektor aufrechtzuerhalten, insbesondere zu einem Zeitpunkt, in dem Privatisierungsdebatten in mehreren EG-Mitgliedstaaten anstehen?
- Welchem Zeitplan sollen solche Änderungen folgen, unter Berücksichtigung der Aufnahmefähigkeit des Sektors für weiteren ordnungspolitischen Wandel?
- Welche Maßnahmen tragen maximal zur Erreichung der allgemeinen Gemeinschaftsziele für den Sektor bei – EG-weite Flächendeckung, Steigerung des Zusammenhalts der Mitgliedsstaaten und Stärkung der europäischen Position auf dem Weltmarkt?

Das von der Kommission veröffentlichte Positionspapier sieht vier mögliche Optionen vor:

Option 1: Einfrieren des Liberalisierungsprozesses und Beibehaltung des Status-Quo bezüglich des Sprachmonopols.

Option 2: Weitgehende Regulierung der Tarif- und Investitionspolitik des Sektors auf Gemeinschaftsebene zur Überwindung der überhöhten internationalen Tarife innerhalb der Gemeinschaft.

Option 3: Liberalisierung des gesamten Sprachmonopols.

Option 4: Liberalisierung für Sprache innerhalb der Gemeinschaft im grenzüberschreitenden Verkehr zwischen den Mitgliedstaaten.

Das Positionspapier der Kommission stellt fest, daß die Kommission beim derzeitigen Diskussionsstand „der Ansicht ist, daß Option 4 besser als andere geeignet erscheint, die grundlegenden Ziele der Gemeinschaft in diesem Politikbereich zu erreichen."

Die Sicherung der Finanzkraft der Telekommunikationsunternehmen und ihre Fähigkeit zum weiteren Netzausbau wird unweigerlich im Zentrum jeder Diskussion stehen. Wie bereits erwähnt, belaufen sich die Investitionsanforderungen in der Europäischen Gemeinschaft bis zum Jahr 2000 für die weitere Entwicklung der Telekommunikationsnetze kumuliert auf mehr als DM 800 Mrd.

Andererseits müssen faire, langfristig stabile Rahmenbedingungen für alle Marktteilnehmer geschaffen werden. Dies gilt für die – dann vielleicht teilweise privatisierten – Telekommunikationsunternehmen ebenso wie für die neuen Anbieter. Es ist zu erwarten, daß die Notwendigkeit, ein Gleichgewicht zwischen diesen Zielsetzungen zu finden, den weiteren Fortschritt auf europäischer Ebene bestimmen wird.

8 Schlußbemerkung

Insgesamt wird der europäische Telekommunikationsmarkt während der nächsten Jahren zwei grundsätzlichen Optionen gegenüberstehen:

- Entweder Aufrechterhaltung des Status-quo, verbunden mit der Gefahr eines
  stagnierenden Marktes, der nicht mit dem technologischen Fortschritt Schritt
  halten würde,
- oder Schaffung der Bedingungen für Marktexpansion, mit besseren Dienstleistungen für die Benutzer und einer breiteren finanziellen Basis für die Anbieter.
  Der Erfolg der nationalen sowie der europäischen Telekommunikationspolitik
  der nächsten Jahre wird davon abhängen, ob es gelingt, Restrukturierung mit
  Marktexpansion zu vereinbaren.

Europa ist an einem Wendepunkt seiner Telekommunikationsentwicklung ange-
langt. Die Europäische Gemeinschaft wird vom nächsten Jahr an zusammen mit
den Mitgliedstaaten der Europäischen Freihandelszone – Österreich, Schweiz
und die skandinavischen Länder – einen Europäischen Wirtschaftsraum formen.
Unter Einfluß der Länder Mittel- und Osteuropas wird dies bedeuten, daß
Europas Telekommunikationsunternehmen vor Ende dieses Jahrzehnts in einem
Markt von mehr als 500 Millionen Einwohnern arbeiten werden. 70 Prozent der
Ausgaben und Investitionen im Telekommunikationsbereich finden in Europa,
Nordamerika und Japan statt.

Im Rahmen der Globalisierung der Systeme wird ein intensiver Dialog
zwischen allen Beteiligten notwendig sein. Gleiche Marktzugangschancen müssen
bewahrt oder geschaffen werden. Wir setzen hier auf den erfolgreichen Abschluß
der gegenwärtigen GATT-Verhandlungen. Die europäischen Telekommunikationsunternehmen müssen die Möglichkeit erhalten, in Europa wie weltweit die
nötigen Kooperationen einzugehen, um globale Dienste anzubieten. Der europäischen Telekommunikationsindustrie muß der faire Zugang zu den Drittmärkten
gewährleistet werden.

Neue Preisstrategien der Telekommunikationsunternehmen werden eines der
Schlüsselelemente der zukünftigen Entwicklung des Sektors in Europa werden.
Weitergehende wesentliche Preisreformen werden in die Wege geleitet werden
müssen, um die Ungleichgewichte der Vergangenheit zu korrigieren und den Weg
für die Entwicklung der neuen Dienste zu öffnen. Die zentrale Frage wird sein, ob
es den europäischen Telekommunikationsunternehmen gelingen wird, die gegenwärtigen Ungleichgewichte ohne eine wesentliche Erschütterung ihrer Einnahme-
strukturen zu beseitigen. Eine wesentliche Herausforderung wird die Weiterentwicklung der gegenwärtigen, nahezu völlig auf dem vermittelten Sprachverkehr
beruhenden Tarifstrukturen hin zu Strukturen sein, welche die Entwicklung der
neuen Formen der Geschäftskommunikation und neuer Dienstleistungen ermöglichen.

Die Schaffung eines dynamischen europäischen Telekommunikationsmarktes
ist der beste Beitrag, den eine europäische Telekommunikationspolitik zur
Entwicklung der europäischen Telekommunikationsunternehmen, der europäischen Telekommunikationsindustrie, der europäischen Volkswirtschaft und dem
letztendlich globalen Ziel machen kann – der Verbesserung der Kommunikations-
möglichkeiten des europäischen Bürgers.

Anhang

**Für das zukünftige ordnungspolitische Umfeld der Telekommunikation
in der europäischen Gemeinschaft wesentliche Richtlinien**

Richtlinie der Kommission vom 16. Mai 1988 über den Wettbewerb auf den Märkten für
  Telkommunkations-Endgeräte (88/301/EWG, ABI.L 131/73 vom 27.5.88)
Richtlinie des Rates vom 29. April 1991 zur Angleichung der Rechtsvorschriften der
  Mitgliedstaaten über Telekommunikations-Endeinrichtungen einschließlich der gegen-
  seitigen Anerkennung ihrer Konformität (91/263/EWG, ABI.L 128/1 vom 23.5.91)
Richtlinie des Rates vom 17. September 1990 betreffend die Auftragsvergabe durch
  Auftraggeber im Bereich der Wasser-, Energie- und Verkehrsversorgung sowie im
  Telekommunikationssektor (90/531/EWG, ABI.L 297/1 vom 29.10.90)
Richtlinie der Kommission vom 28. Juni 1990 über den Wettbewerb auf dem Markt für
  Telekommunikationsdienste (90/388/EWG, ABI.L 192/10 vom 24.7.90)
Richtlinie des Rates vom 28. Juni 1990 zur Verwirklichung des Binnenmarktes für
  Telekommunikationsdienste durch Einführung eines offenen Netzzugangs (Open
  Network Provision – ONP) (90/387/EWG, ABI.L 192/1 vom 24.7.90)
Richtlinie des Rates zur Einführung des offenen Netzzugangs bei Mietleitungen
  (92/33/EWG, ABI.L 165/27, 19.06.92)
Vorschlag für eine Richtlinie des Rates zur Einführung des offenen Netzzugangs beim
  Sprach-Telefondienst (KOM(92)247 – SYN 437, 27.8.92)
Vorschlag für eine Richtlinie des Rates zur gegenseitigen Anerkennung von Lizenzen und
  sonstigen einzelstaatlichen Genehmigungen für Telekommunikationsdienste – Einfüh-
  rung einer gemeinschaftsweit gültigen Telekommunikationslizenz und Errichtung eines
  Gemeinschaftsausschusses für Telekommunikation (KOM(92)254, 15.07.92)

Konsequenzen für die deutsche Telekommunikationspolitik

N. von Baggehufwudt

Lassen Sie mich meine Ausführungen mit einem Beispiel beginnen, das die Konsequenzen des europäischen Rechts auf die nationale Regulierung der Telekommunikation anschaulich und in aller Deutlichkeit sichtbar macht. Um mir nicht sofort die Finger an derzeit besonders heißen Eisen zu verbrennen, habe ich das Beispiel aus der Vergangenheit gewählt. Es betrifft die ordnungspolitische Behandlung der Modem.

- Im Oktober 1977 entschied das Bundesverfassungsgericht, daß die Monopolisierung dieser Telekommunikationseinrichtungen mit dem Grundgesetz vereinbar ist.
- Drei Jahre später wurden erste Zweifel laut. Ein Mitarbeiter der EG-Kommission vertrat bei einem Symposion die – damals kühne und geradezu unerhörte – Auffassung, daß ein solches Monopol nicht mit dem EWG-Vertrag, speziell mit den Vorschriften über den freien Warenverkehr, vereinbar sei.
- Das Verhängnis nahm nun seinen Lauf – nicht sofort, sondern im bereits vorgezeichneten 3-Jahres-Rhythmus: Im April 1983 eröffnete die EG-Kommission – zunächst gegen die Deutsche Bundespost als Unternehmen – und sodann gegen die Bundesrepublik Deutschland ein Verfahren mit dem Ziel, das Vertriebsmonopol für Modem aufzuheben.
- Nach rund dreijährigen Verhandlungen, im Mai 1986, stimmte die Bundesregierung zu, das Verfahren konnte beigelegt werden. Am Rande sei vermerkt, daß dazu die Bundesregierung einen Beschluß des damaligen Postverwaltungsrates aufheben mußte – ein Ereignis mit Seltenheitswert. Der Verwaltungsrat hatte sich mehrheitlich für die Beibehaltung des Modem-Monopols ausgesprochen. Er befürchtete – nicht zu Unrecht – entsprechende Konsequenzen für das Monopol bei einfachen Telefonendgeräten.

Warum nun dieses Beispiel, wenn doch die Endgerätemonopole mittlerweile europaweit aufgehoben sind, und das Reizwort „Anschalteerlaubnis" nach optimistischer Prognose bald keines mehr sein wird? Welches sind also die Konsequenzen? Ich meine, drei Aspekte sind es wert, festgehalten zu werden.

Erstens: Im Modemfall mußte eine nationale Regelung, obwohl sie vom Bundesverfassungsgericht bestätigt worden war, wegen Unvereinbarkeit mit dem europäischen Recht aufgehoben werden. Das Gemeinschaftsrecht genießt also Vorrang und ist der Disposition des nationalen Gesetzgebers entzogen.

Zweitens: Die EG-Kommission verfügt mit ihrer Entscheidungskompetenz nach Artikel 90 des EWG-Vertrages über ein sehr effektives Mittel gegenüber den Mitgliedstaaten und ihren öffentlichen Unternehmen. Auf diesem Wege kann sie – vorbehaltlich der Überprüfung durch den Europäischen Gerichtshof – das primäre Recht der Gemeinschaft anwenden und durchsetzen.

Drittens: Die Grundfreiheiten des EWG-Vertrages und die Wettbewerbsregeln entfalten unmittelbare Wirkung. Das bedeutet: Die Gemeinschaftsbürger können sich vor den nationalen Gerichten auf diese Vorschriften berufen. Damit besteht eine Möglichkeit zur Liberalisierung, die von der politischen Willensbildung vollständig unabhängig ist – sowohl unabhängig von der Politik im jeweiligen Mitgliedstaat als auch unabhängig von etwaigen Kompromissen in der Gemeinschaft selbst.

Diese Erkenntnis – nämlich daß der EWG-Vertrag auch auf Fragen der Telekommunikation unmittelbar anwendbar ist – war vor 10–15 Jahren, als die Monopolisierung von Modem in der Bundesrepublik streitig war, noch gänzlich unterentwickelt. Ansonsten wäre man sich nicht vor den Schranken des Bundesverfassungsgerichts begegnet, sondern man hätte sich letztlich vor dem Europäischen Gerichtshof in Luxemburg eingefunden. Das öffentliche Bewußtsein in dieser Frage hat sich heute, wo der Binnenmarkt vor der Tür steht, ganz entscheidend, ja fundamental geändert. Die gemeinsame Politik zur Schaffung des Binnenmarktes und die Fortschritte im sekundären europäischen Recht haben bei allen Beteiligten den Blick dafür geschärft, daß die tragenden Grundsätze des EWG-Vertrages auf die gesamte Wirtschaft Anwendung finden. Allein schon die Definition des Binnenmarktes selbst weist darauf hin: Er ist der Raum, in dem die vier Grundfreiheiten des Vertrages der freie Verkehr von Waren, Personen, Dienstleistungen und Kapital – gewährleistet sind.

Diese Garantie gilt auch für Wirtschaftssektoren, die in den ersten drei Jahrzehnten der Gemeinschaft nicht unter europäischem Blickwinkel standen. Es sind dies Sektoren, die in so manchen Ländern – auch in Deutschland – nicht den Charakter von normalen Wirtschaftsbereichen haben, sondern uns in der Gestalt der öffentlichen Leistungsverwaltung begegnen. Gleichwohl sind sie nicht von den Regeln des EWG-Vertrages ausgenommen – der Modemfall hat das gezeigt.

Angesichts dieses Erkenntnisprozesses ist es nicht verwunderlich, daß mittlerweile auch der Europäische Gerichtshof mit einigen Entscheidungen direkt zu Fragen des Telekommunikationssektors Stellung genommen hat. Dazu gehört auch das Urteil, das uns praktisch druckfrisch auf dem Tisch liegt. Es ist dies die Entscheidung vom vergangenen Dienstag (17.11.92) zur Richtlinie der Kommission über den „Wettbewerb auf dem Markt für Telekommunikationsdienste". Mit diesem Urteil hat der Gerichtshof die Rechtsauffassung der Kommission ganz überwiegend bestätigt.

Lassen Sie mich deshalb der Frage nachgehen, welche Überraschungen der EWG-Vertrag noch für den Telekommunikationssektor bereithält. Dabei werde ich mich darauf konzentrieren, in welchem Ausmaß es einem Mitgliedstaat heute noch gestattet ist, Dienstleistungsmonopole in der Telekommunikation aufrechtzuerhalten.

Anders als bei Handelsmonopolen im Warenbereich – also z.B. bei Modem – erhält der EWG-Vertrag für Dienstleistungsmonopole – also z.B. für das

Telefondienstmonopol – kein ausdrückliches Gebot der Umformung in einen diskriminierungsfreien Zustand. Bei Dienstleistungsmonopolen gibt es also keine spezielle Vorschrift, die letztendlich dazu zwingt, den Markt zu liberalisieren und für Wettbewerber zu öffnen. Gleichwohl sind die Mitgliedstaaten der Gemeinschaft keineswegs in ihrer Entscheidung frei, jedwede Telekommunikationsdienstleistung dem Monopolbereich zuzuordnen.

Die wirksamste Beschränkung dieser Entscheidungsautonomie ist in den Wettbewerbsregeln des EWG-Vertrages enthalten. Artikel 90 legt den Mitgliedstaaten die Verpflichtung auf, daß sie Monopolunternehmen in die Lage versetzen und anhalten, die Wettbewerbsregeln des Vertrages zu beachten. Was diese generelle Verpflichtung nun in bezug auf die Reichweite von Monopolzuweisungen bedeutet, hat der Europäische Gerichtshof in seiner Rechtsprechung zur Frage der Zulässigkeit von „Doppelmonopolen" wiederholt deutlich gemacht – und zwar auch für den Bereich der Telekommunikation. Einem Unternehmen, dem der Staat ein Monopol auf einem bestimmten Markt zugewiesen hat, ist es danach verwehrt, ohne objektive Notwendigkeit einen benachbarten Markt zu monopolisieren und dort jeden Wettbewerb auszuschalten. Auch der Staat darf keine entsprechenden Zuweisungen vornehmen.

Diese Rechtsprechung ist für die Situation in Deutschland nicht nur von akademischem Interesse; sie verlangt vielmehr konkrete Konsequenzen für unsere Regulierungspraxis. Dabei sind vor allem drei Aspekte zu beachten.

Erstens: Die staatliche Zuweisung von Dienstleistungsmonopolen ist unter Marktgesichtspunkten zu betrachten. So harmlos diese Feststellung auf den ersten Blick erscheint, so einschneidend, ja beinahe revolutionär ist sie bei näherem Hinsehen. Denn dem deutschen Fernmelderecht ist eine marktbezogene Betrachtungsweise vollständig fremd. Das Fernmeldeanlagengesetz grenzt die heute bestehenden Monopole tätigkeitsbezogen ab. Es spricht vom Errichten und Betreiben bestimmter Fernmeldeanlagen, ohne auf Märkte Rücksicht zu nehmen. Bei der Beurteilung der Marktmacht eines Monopolisten kommt es aber nicht auf die Bestätigung dieses Unternehmens an, sondern auf die Betrachtungsweise des Nachfragers. Maßgeblich sind die Einschätzungen des „verständigen Verbrauchers". Aus seiner Sicht ist zu entscheiden, welche Leistungen für einen bestimmten Bedarf gegeneinander austauschbar sind. Diese Feststellung und nicht das Angebotsverhalten des Monopolisten bestimmt die sachgerechte Marktabgrenzung.

Zweitens: In seinen Entscheidungen zur Frage der Zuverlässigkeit von „Doppelmonopolen" hat der Gerichtshof nicht nur das Verhalten eines Monopolisten für unzulässig erklärt, der sich auf einem neuen Markt betätigt und dort mit seiner Marktmacht private Konkurrenten verdrängt. Vielmehr kann auch die Beibehaltung althergebrachter Monopolpositionen auf benachbarten Märkten, auf denen bisher keine privaten Unternehmen tätig werden durften, unter bestimmten Bedingungen unzulässig sein. So mußte das Monopol bei einfachen Telefonendgeräten aufgehoben werden.

Drittens: Der Europäische Gerichtshof setzt die hoheitliche Tätigkeit der Monopolzuweisung mit einem mißbräuchlichen unternehmerischen Verhalten gleich. Voraussetzung dafür ist, daß beide Handlungsweisen auf den entsprechenden Märkten zu identischen Ergebnissen führen. Das bedeutet, Der Weg für Umgehungsmöglichkeiten durch staatliche Maßnahmen ist verbaut.

Bei konsequenter Anwendung dieser Rechtsprechung auf bestehende Monopole sind daher die drei folgenden Fragen zu stellen:

- Betrifft das jeweilige Monopol nur einen einzigen Markt oder überdeckt es mehrere benachbarte, aber unterschiedliche Märkte?
- Besteht im letzteren Fall eine objektive Notwendigkeit für eine entsprechend weite Monopolzuweisung?
- Und schließlich: Wird durch die Monopolzuweisung jeglicher Wettbewerb durch andere Unternehmen beseitigt oder bleibt Substitutionswettbewerb möglich?

Wendet man diese Prüffragen auf die heute bestehenden Monopolzuweisungen im Telekomsektor in Deutschland an, so ergibt sich der folgende Befund:

- Das Übertragungswege- und das Telefondienstmonopol in ihren heutigen Definitionen überdecken eine ganze Reihe von benachbarten, aber unterschiedlichen Märkten. Aus der Sicht des „verständigen Verbrauchers" ist ein unterschiedlicher Bedarf angesprochen, wenn es z. B. um Leistungen für die Datenübermittlung oder um Kabel zur Rundfunkverteilung geht. Es macht einen Unterschied, ob der für jedermann zugängliche Telefondienst oder die Sprachkommunikation in geschlossenen Benutzergruppen nachgefragt wird. Auch der Bildtelefondienst und der reine Sprachtelefondienst sind unterschiedlichen Märkten zuzuordnen.
- Eine objektive Notwendigkeit für eine entsprechend weite Monopolzuweisung ist schon deshalb nicht zu unterstellen, weil es mittlerweile – auch in Europa – Beispiele für eine weitgehend wettbewerbliche Organisation der Märkte gibt.
- Und schließlich zeichnen sich die Telekommunikationsmonopole dadurch aus, daß sie nicht nur als rechtliche Vorschriften fest verankert, sondern auch gegen wirksamen Substitutionswettbewerb weitgehend gefeit sind – ganz anders, als dies z. B. beim Schienenmonopol der Bundesbahn der Fall ist.

Bei so vielen Monopolpositionen, über denen das Schwert des Damokles der EG-rechtlichen Unzulässigkeit schwebt, ist die Eingrenzung des zulässigen Kerns ein wenig die Frage von Henne und Ei. Geht man von dem jüngsten Urteil des Gerichtshofs zu der Wettbewerbsrichtlinie der EG-Kommission aus, so ergibt sich als zulässiger Monopolkern der Markt für die „Einrichtung und den Betrieb des Fernsprechnetzes", wobei aufgrund der Definitionen der Richtlinie ohne Zweifel das entsprechende ortsfeste, öffentliche Netz gemeint ist.

Alle anderen Märkte, insbesondere die Märkte für Telekommunikationsdienstleistungen, stehen damit zur Disposition. Diese Feststellung bedeutet allerdings noch nicht, daß – mit Ausnahme des zentralen Monopolmarktes – alle anderen Märkte dem Wettbewerb geöffnet werden müssen. Denn nach dem EWG-Vertrag darf ein öffentliches Unternehmen – in einem sehr begrenzten Umfang – von den Vertragsvorschriften abweichen. Dazu muß dieses Unternehmen allerdings einen schwierig zu erbringenden Nachweis führen. Es muß überzeugend darlegen, daß ein vertragsgerechtes Verhalten die Erfüllung der ihm vom Staat übertragenen Aufgaben verhindert – wohlgemerkt „verhindert" und nicht nur „behindert" oder „beeinträchtigt". Es darf also keinen anderen rechtlich möglichen und tatsächlich zumutbaren Weg geben, um die fraglichen Aufgaben ohne Vertragsverletzung zu erfüllen. Auf die Rechtsform, in der das öffentliche Unternehmen auftritt, kommt es dabei im übrigen nicht an.

Bei der Festlegung des zulässigen Monopolbereiches ist wiederum der Blick über die Grenzen auf stärker wettbewerblich organisierte Märkte lohnend und hilfreich. Dabei wird sich zeigen, ob die tatsächlichen Umstände, die bei Erfüllung der übertragenen Aufgaben in Deutschland bestehen, ein stärkeres Abweichen von den allgemeinen Regeln des EWG-Vertrages begründen und rechtfertigen. Die besondere Situation beim Aufbau der Telekommunikationsinfrastruktur in den neuen Bundesländern wird hier sicherlich zu beachten sein.

Die EG-Kommission hat in ihrer Wettbewerbsrichtlinie von 1990 bei der Festlegung der Legalausnahme sehr großzügig argumentiert und das Telefondienstmonopol als kommerziellen Dienst gegenüber der Öffentlichkeit für zulässig erklärt. Diese Festlegung steht jedoch unter dem Vorbehalt einer periodischen Überprüfung – und Einschränkungen sind, wie die Kommission kürzlich angekündigt hat, in absehbarer Zeit zu erwarten.

Diese rechtlichen Überlegungen aber sind nur die eine Seite der Medaille, auf der anderen Seite sind die tatsächlichen Marktentwicklungen zu berücksichtigen. Auch sie sind Datum und Richtschnur für eine Volkswirtschaft, die in den Prozeß der internationalen Arbeitsteilung so eng verwoben und eingebunden ist wie die unsrige. So wie heute das Unternehmen TELEKOM – unter ökonomischen Gesichtspunkten vollkommen verständlich – sich dafür einsetzt und mit allem Nachdruck verlangt, sich dem Wettbewerb im Ausland stellen zu dürfen, so werden auch gegenläufige Forderungen auf Dauer nicht zurückzuweisen sein. Mit zunehmender Liberalisierung im Ausland und den damit einhergehenden Diversifizierungs- und Wachstumsmöglichkeiten werden andere Unternehmen – heimische wie ausländische – Betätigungschancen auf deutschen Märkten einfordern – auf Märkten, die heute noch durch staatliche Monopolzuweisung versperrt und allein dem Unternehmen TELEKOM vorbehalten sind. Dieser Druck wird sich gerade jetzt, bei nachlassender Konjunktur und sich abschwächender Wirtschaftstätigkeit, aufbauen und sich weiter verstärken – in Zeiten also, wo es darum gehen muß, durch Öffnung von Märkten Kräfte freizusetzen und neue Wachstumsimpulse zu schaffen.

Welches sind nun die Konsequenzen aus diesen rechtlichen Gegebenheiten und wirtschaftlichen Überlegungen?

Für die Telekommunikationspolitik in Deutschland bedeutet ein Festhalten an dem jetzigen Monopolumfang einen permanenten Abwehrkampf – einen Abwehrkampf nicht gegen eine andere, liberale Politik, sondern das heute in Europa geltende Recht. Die Freigabe der Corporate Networks und die Marktöffnung beim Bildtelefondienst sind überfällig und von der EG-Kommission bereits mit allem Nachdruck angemahnt. Die Zulassung von Wettbewerb bei der Breitbandverkabelung zur Rundfunkverteilung sowie die Aufhebung des Übertragungswegemonopols für spezielle Märkte – wie z. B. für die Märkte der Datenübermittlung oder des Mobilfunks – sind weitere Kandidaten. Darüber hinaus hat die EG-Kommission bereits die Liberalisierung des grenzüberschreitenden Telefonverkehrs einschließlich der dazu erforderlichen Infrastruktur angekündigt.

Widerstand gegen diese Liberalisierungsschritte würde Widerstand gegen den Binnenmarkt bedeuten, deren Verwirklichung doch das erklärte Ziel der Bundesregierung ist. Aber dieses ist nicht allein eine politische und eine rechtliche Frage, sondern auch ein Problem von großer ökonomischer Tragweite. Zunächst wäre das Unternehmen TELEKOM ganz wesentlich betroffen. Widerstand und Rückzugsgefechte würden auch dort Ressourcen binden und den Blick nach vorne, in die Zukunft verstellen. Unter solchen Vorzeichen dürften vielversprechende Ansätze für Dynamik und Innovation auf der Strecke bleiben. Aber dies wäre nicht die einzige Konsequenz. Während in Deutschland eine nach rückwärts gerichtete Auseinandersetzung stattfindet, würden in anderen Ländern Märkte geöffnet. Es würden dort neue Bestätigungsmöglichkeiten geschaffen und Wachstumsimpulse entstehen, von einer besseren und preisgünstigeren Versorgung der Nachfrager ganz zu schweigen. Die volkswirtschaftlichen Auswirkungen und die Konsequenzen für den Standort Deutschland wären fatal.

Eine nach vorne gerichtete Strategie muß daher akzeptieren, daß die Monopole, die dem Unternehmen TELEKOM heute zugewiesen sind, nur noch für einen zeitlich begrenzten Übergang, für eine Auslauffrist aufrechterhalten werden können. Diesen Zeitraum gilt es, bei der Postreform II zu definieren und durch Gesetz unverrückbar festzulegen. Nur so kann für alle Beteiligten das unerläßliche Maß an Dispositionssicherheit und das notwendige Vertrauen in die ökonomischen Rahmenbedingungen geschaffen und auf Dauer gesichert werden.

Kooperation und Wettbewerb –
Die europäischen Betreiber

K. W. Grewlich

1 Einleitung – Neue Rahmenbedingungen in der Telekommunikation

Der europäische Binnenmarkt soll die Stellung Europas in der Welt stärken. Die europäische Kommunikationsindustrie, d. h. die Betreiber, die Diensteanbieter und die Hersteller einschließlich des audiovisuellen Bereichs, muß mit der Schaffung einer trans-europäischen Telekommunikationsinfrastruktur einen wichtigen Beitrag für das neue Europa leisten. Effiziente und europaweite Telekommunikationsnetze sind die unverzichtbare Basis für den zunehmenden wirtschaftlichen und kulturellen Austausch. Sie erhöhen zudem die Attraktivität des Wirtschaftsstandorts Europa, zumal die Kommunikationsindustrie als wirtschaftliche „Speerspitze" gilt, um im ökonomischen Wettstreit in der Triade bestehen zu können.

Die europäischen und internationalen Telekommunikationsmärkte sind dabei durch eine komplexe Dynamik gekennzeichnet:

- Im Zuge von Deregulierung und Privatisierung finden Akquisitions-, Fusions- und Konzentrationsprozesse auf vielen Ebenen statt und betreffen zunehmend auch die Telekommunikationsbetreiber, wie die jüngsten Beteiligungen von Northern Telecom an Mercury oder von AT&T an Mc Caw zeigen. Gleichzeitig sind Dezentralisierungsprozesse zu verzeichnen. Hierzu gehört das neue Phänomen der „Service Provider" in der Mobilkommunikation, sowie die vielfältigen Ausprägungen der Mehrwertdienste.
- Es gibt Ansätze zu weltweiten Beschaffungsprozessen, z. B. im Bereich der Intelligenten Netze oder der Opto-Elektronik.
- Zunehmend beobachten wir internationale Joint Ventures und strategische Allianzen, deren Ziel es ist, risikomindernd Know-how, menschliche Ressourcen und Finanzierungsmittel gemeinsam einzusetzen. In diesem Zusammenhang sind die gemeinsamen Anstrengungen von AT&T, der Deutschen Bundespost Telekom, der holländischen PTT bei der Entwicklung des Festnetzes in der Ukraine zu nennen. Ein weiteres Beispiel ist das Konsortium unter Beteiligung der Deutschen Bundespost Telekom, der British Telecom und der France Telecom, das sich um eine Lizenz für den Betrieb eines GSM-Netzes in Ungarn bewirbt.

– Schließlich ist eine verstärkte Kooperation zwischen Wettbewerbern im vorwettbewerblichen Bereich erkennbar. Hierzu zählen Forschungsprogramme im EG-Rahmen (RACE, ESPRIT), das von den europäischen Betreibern gegründete Forschungsinstitut EUROSCOM sowie die Einigung auf gemeinsame Standards im Rahmen des europäischen Standardisierungsinstituts ETSI oder anderen europäischen und weltweiten Normungsgremien.

Diese Entwicklungen entsprechen den veränderten ökonomischen, technischen und regulatorischen Rahmenbedingungen in der Telekommunikation:

– Den Kundenbedürfnissen: Multinationale Unternehmen, grenzüberschreitende Banken und Versicherungen an der Spitze, benötigen im Zuge der Globalisierung ihrer Aktivitäten internationale Netzwerkdienste, auf deren Grundlage ein „Full Service" in der Telekommunikation bereitgestellt werden muß.
– Den technologieimmanten Sachzwängen: Beschleunigung der technologischen Generationen mit explodierenden Kosten. Schätzungen zufolge vervierfachen sich bis zum Jahre 2010 die Investitionsaufwendungen für die europäische Telekommunikation.
– Vor allem dem neuen regulativen Umfeld, das zu schärferem Wettbewerb auf der Betreiberseite und hoffentlich gleichzeitig auch zu einer Flexibilisierung und Stärkung der Wettbewerbsfähigkeit der klassischen Telekommunikationsbetreiber führt.

Die europäischen Betreiber befinden sich durch diese Veränderungen in einer neuen Situation, und zwar zumindest in dreifacher Hinsicht:

1. Sie sind einem zunehmendem Wettbewerb ausgesetzt. Dies gilt zum einen für das Verhältnis zwischen den Betreibern selbst. Zum anderen wächst die Konkurrenz durch „Newcomer", die nach neuen Geschäftsmöglichkeiten auf den lukrativen Telekommunikationsmärkten suchen.
2. Die Kooperation zwischen den Betreibern in Europa verstärkt sich ganz wesentlich mit dem Ziel, eine Grundversorgung mit europaweiten Telekommunikationsnetzen und -diensten bereitzustellen. Hierdurch wird der Wettbewerb nicht behindert. Im Gegenteil, eine leistungsfähige Telekommunikationsinfrastruktur schafft erst die Grundlage, auf der dann der Wettbewerb in der Telekommunikation stattfinden kann.
3. Schließlich finden sich die Betreiber auch zusammen, um – ähnlich wie andere Industrien – in legaler Weise den Regulierern gegenüber gemeinsame Interessen zu vertreten, d. h. im Dialog die Rahmenbedingungen mitzugestalten innerhalb derer sie in Zukunft unternehmerisch tätig sein wollen.

Im folgenden wird auf diese drei Punkte näher eingegangen:

2 Wettbewerb: Herausforderung für die Betreiber

Die europäischen Telekommunikationsmärkte entwickeln sich durch die Liberalisierungspolitik der EG zunehmend zu Wettbewerbsmärkten. Ein Großteil der

Telekommunikationsdienste wird bereits unter Wettbewerbsbedingungen angeboten. Neben den Mehrwertdiensten ist hier insbesondere auf den Wettbewerb in der Satellitenkommunikation, der Mobilkommunikation und im internationalen Mietleitungsgeschäft hinzuweisen. Auch der globale Wettbewerb um Großkunden und die informationsintensiven Kunden wird wettbewerbsintensiver, wie die Anstrengungen neuer Konsortien wie Syncordia, UNISOURCE und EUNETCOM deutlich machen. Ganz eng damit verbunden ist der Wettbewerb zwischen den Festnetzen um Transitverkehr, vor allem das Bemühen aller Betreiber, zu Zentren, sogenannten Drehscheiben oder Hubs, im internationalen Telekommunikationsverkehr zu werden. Hinzu kommt schließlich der Wettbewerb auf Drittmärkten – etwa in Osteuropa, in der Triade aber auch in den Schwellenländern, wo variierende Konsortialverbände von Betreibern sich um Netzaufbau und das Anbieten von Telekommunikationsdiensten bewerben. Ganz entscheidend für die Marktentwicklung wird sich schließlich der von der EG kürzlich begonnene Prozeß in Richtung der Liberalisierung der grenzüberschreitenden Sprachkommunikation erweisen.

Die Betreiber müssen sich darauf einrichten, daß die Zeit der Monopole, der exklusiven Rechte, zu Ende geht. Jeder Betreiber muß eigene Strategien und Konzepte entwickeln, um den Anforderungen des Wettbewerbs gewachsen zu sein. Die Deutsche Bundespost Telekom begreift den Wettbewerb nicht als Gefahr, sondern als eine unternehmerische Herausforderung. Als größter europäischer und drittgrößter Betreiber in der Welt hat das Unternehmen es sich zum Ziel gesetzt, auch in einem neuen deregulierten Umfeld weltweit zu den führenden Telekommunikationsunternehmen zu zählen.

Die gegenwärtige Größe und Stärke der Deutschen Bundespost Telekom ist jedoch noch keine Garantie für zukünftigen Erfolg. Die Entwicklungen in anderen Staaten, wie etwa in Großbritannien, Japan und den USA haben deutlich gezeigt, wie schnell die führende Marktposition des etablierten Betreibers durch neue Anbieter am Markt erodieren kann. Ähnliche Erfahrungen haben British Telecom und AT&T in Großbritannien bzw. den USA gemacht. British Telecom und AT&T haben aber gleichzeitig demonstriert, wie die Wettbewerbsfähigkeit durch entschlossenes Handeln verbessert werden kann.

In Deutschland ist das Kerngeschäft der Deutschen Bundespost Telekom noch durch exklusive bzw. ausschließliche Rechte gesetzlich geschützt. Weitere, einschneidende Liberalisierungsmaßnahmen stehen jedoch sowohl seitens des nationalen Regulierers wie der EG kurz bevor. Unsere potentiellen Konkurrenten treffen bereits Vorkehrungen, um auf den lukrativen deutschen Telekommunikationsmarkt, der 10 % des Weltmarktes ausmacht, zu treten. Zu den Konkurrenten zählen zum einen andere europäische und im Wettbewerb erfahrene amerikanische Betreiber wie etwa AT&T. Zum anderen drängen immer stärker auch kapitalkräftige Konzerne aus der Computerindustrie oder der Versorgungswirtschaft auf den Telekommunikationsmarkt. Einige unserer früheren Großkunden könnten damit zu unseren schärfsten Wettbewerbern werden.

Die Aufgabe der Deutschen Bundespost Telekom besteht nun darin, mit ihren Wettbewerbern Schritt zu halten und sich so rasch wie möglich von einer staatlichen Verwaltung zu einem internationalen, markt- und kundenorientierten Unternehmen zu wandeln. Diese Aufgabe stellt das Unternehmen angesichts der großen Infrastrukturaufgaben in Ostdeutschland und des verschärften globalen Wettbewerbs vor eine „doppelte" Herausforderung.

Die notwendigen Schritte wurden aber bereits eingeleitet: Hierzu zählen eine vollständige Reform der Organisationsstrukturen mit dem Ziel größerer Markt- und Kundenorientierung, eine umfassende Verbesserung der Qualität und Ausweitung unseres Dienstleistungsangebotes, ein neues Tarifkonzept im Sinne marktorientierter Preisgestaltung, der Aufbau eines effizienten Managements sowie die Errichtung von Tochtergesellschaften auf den strategisch wichtigsten Märkten in der Welt. Weitere Maßnahmen, einschließlich einer Privatisierung, müssen folgen, um die Wettbewerbsfähigkeit des Unternehmens zu gewähr- leisten.

Die Deutsche Bundespost Telekom wird ihren globaloperierenden Kunden folgen und neue Geschäftsmöglichkeiten im Ausland konsequent wahrnehmen. Hierfür sind vielfach strategische Allianzen mit anderen Betreibern oder Her- stellern, Banken, etc. unerläßlich. Strategische Allianzen dienen der Risiko- und Kapitalteilung und erleichtern den Marktzutritt. Einige der neuen Märkte in der Telekommunikation können aufgrund des notwendigen Kapitalbedarfs, der komplexen Kundenanforderungen, der regulatorischen Rahmenbedingungen oder wegen ihres globalen Ausmaßes überhaupt erst durch Zusammenschlüsse mehrerer kompetenter Partner erschlossen werden. Hierzu zählt insbesondere die Errichtung globaler Datennetze für die anspruchsvollen und heterogenen Kom- munikationsbedürfnisse von multinationalen Konzernen. Die Deutsche Bundes- post Telekom hat hierfür durch eine Zusammenarbeit mit France Telécom im Rahmen der neugegründeten EUNETCOM-Gesellschaft die Weichen gestellt, um auf diesen wettbewerbsintensiven und zukunftsträchtigen Märkten bestehen zu können.

3 Trans-europäische Netze – Aufgabe für die Betreiber

Die Wettbewerbsmärkte in der Telekommunikation erfordern eine leistungsstarke Netzinfrastruktur. Homogene Netze, d. h. durchgängige Interoperabilität kom- men nicht von selbst. Man muß sie unternehmerisch wollen und auch technisch und wirtschaftlich realisieren können. Innovationen müssen durch das Nadelöhr der betriebswirtschaftlichen Kostenrechnung!

Von dem Ausbau der Harmonisierung der europäischen Telekommunika- tionsinfrastruktur profitieren u. a. die Hersteller. Sie können ihre Kosten durch höhere Stückzahlen senken und ihre Wettbewerbsfähigkeit auf dem Weltmarkt erhöhen. Die Preisnachlässe auf dem Gerätemarkt senken wiederum die Kosten für die europäischen Betreiber und stärken deren Position auf den internationalen Märkten. Der Kunde profitiert in Form eines kostengünstigen und breiten Angebots von Telekommunikationsgeräten und -diensten. Die europäischen Betreiber haben in der CEPT die Kooperation lange Zeit nicht ausreichend wahrgenommen und nicht alle Möglichkeiten zur Harmonisierung ausgeschöpft. Gegenwärtig ist jedoch ein erfolgversprechender Neuanfang zu erkennen.

Die Ansätze zu den trans-europäischen Netzen sehen dabei wie folgt aus:

Auf dem Gebiet der schmalbandigen Netzinfrastruktur besitzt die europaweite Einführung des Euro-ISDN Priorität. Die Deutsche Bundespost Telekom ist zusammen mit France Télécom, British Telecom und SIP einer der Initiatoren des MoU zur koordinierten Einführung des ISDN in Europa. Mittlerweile haben sich 26 Netzbetreiber aus 20 Ländern zur Einführung des Euro-ISDN bis 1993 verpflichtet. Das Euro-ISDN wird insbesondere für kleinere und mittlere Unternehmen Vorteile im europaweiten Fernmeldeverkehr bringen. Die Umsetzung dieser Zielsetzung erfordert große Anstrengungen. Die Deutsche Bundespost Telekom allein bringt 2,6 Mrd. DM für die flächendeckende Einführung des Euro-ISDN auf.

Das zunehmende Verkehrsaufkommen im europäischen Binnenmarkt macht jedoch breitbandige Telekommunikationsnetze erforderlich. Die europäischen Betreiber haben sich bereits auf die Realisierung dieser Hochgeschwindigkeitsnetze geeinigt: Im September 1992 unterzeichneten die 5 größten Betreiber (Deutsche Bundespost Telekom, France Télécom, British Telecom, Telefonica und STET) eine Vereinbarung für den Aufbau eines digitalen Übertragungsnetzes in Europa. Dieses „Global European Network (GEN)" basiert auf Glasfaserübertragungstechnik und einem modernen Netzmanagementsystem. GEN bietet kürzere Bereitstellungszeiten für internationale Übertragungswege bei verbesserter Güte und Zuverlässigkeit an. Eine Erweiterung von dem Bereich 64 Kbit/s bis 2 Mbit/s auf 34 Mbit/s und 140 Mbit/s ist vorgesehen. Die Betriebsdauer von GEN ist zunächst auf 5 Jahre festgelegt.

Es soll dann durch das sogenannte „Managed European Transmission Network (METRAN)" ersetzt werden. In einem MoU haben sich bereits 26 europäische Netzbetreiber verpflichtet, dieses europäische Übertragungsnetz mit modernster Technik auszubauen. METRAN kann gleichzeitig als Grundlage für das angestrebte europäische Breitband-ISDN angesehen werden, da es für die Einführung der zukunftsweisenden ATM-Vermittlungstechnik die notwendige Übertragungskapazität bietet.

Schon in Kürze werden also in Europa die „Informationsautobahnen" entstehen, die hinsichtlich Qualität, Geschwindigkeit und Flexibilität keine Wünsche mehr offen lassen sollten. Die Entwicklung, Planung und Betrieb dieser Netze erfordert die intensive Kooperation und Koordination möglichst aller europäischen Betreiber. Hierfür wurde mit dem European Institut für Research and Strategic Studies (EURESCOM) im März 1991 eine wichtige Plattform gegründet. Der Gesellschaft sind mittlerweile 23 Betreiber aus 18 europäischen Staaten beigetreten. Zweck von EURESCOM ist es, die Forschungsarbeiten der Betreiber zu koordinieren und zu bündeln, um die FuE-Kosten zu senken und bereits frühzeitig auf die Entwicklung europaweiter Netze und Dienste hinzuwirken. Dabei sind die Forschungsprojekte bei EURESCOM ausschließlich im vorwettbewerblichen Bereich angesiedelt, denn schließlich sind die EURESCOM-Gesellschafter nicht nur Forschungspartner sondern auch Wettbewerber auf einem hart umkämpften Telekommunikationsdienstemarkt. EURESCOM konnte schon im ersten Jahr wichtige Impulse für die Entwicklung von METRAN, der ATM-Pilotprojekte sowie anderer Vorhaben liefern.

Im Mai 1992 wurde zudem das unternehmenspolitische Pendant zu EURES-COM gegründet, die European Telecommunications Network Operators' Association (ETNO). ETNO besteht aus 26 Betreibern aus 21 europäischen Staaten. Darüber hinaus liegen bereits Anträge von Netzbetreibern aus Osteuropa vor, so daß ETNO sich schon bald zu einem pan-europäischen Verbund entwickeln könnte. Die übergeordnete Zielsetzung von ETNO besteht darin, die effiziente Funktionsweise europaweiter öffentlicher Telekommunikationsnetze und -dienste zum Nutzen der Kunden sicherzustellen. Dabei wird eine enge und komplementäre Zusammenarbeit mit EURESCOM angestrebt. Demnach sollen in EURESCOM alternative Szenarien für neue Techniken und Dienste entwickelt werden, über deren Markteinführung dann in ETNO entschieden wird. Von besonderer Bedeutung ist, daß ETNO schon jetzt jene pan-europäischen Strukturen besitzt, die die EG noch anstrebt. ETNO will deshalb auf dem Gebiet der Telekommunikationsinfrastruktur eine Vorreiterrolle einnehmen und die europäische Integration vorantreiben.

4 Regulierung – Die Sicht der Betreiber

Die EG sollte im Bereich der Harmonisierung, d. h. der transeuropäischen Netze, auf regulatorische Eingriffe möglichst verzichten, um die Entwicklung der europäischen Telekommunikation nicht durch eine „Überregulierung" zu behindern. Das Prinzip der Subsidiarität darf nicht nur im Verhältnis von europäischen und nationalen Behörden Anwendung finden. Es muß in gleicher Weise für das Verhältnis von Markt und Regulierung gelten, d. h. regulatorische Eingriffe sind nur dort erforderlich, wo der Markt versagt. Die europäischen Betreiber haben gezeigt, daß sie ihren Infrastrukturauftrag ernst nehmen und in der Lage sind, im Wege einer intensiven Kooperation die notwendigen transeuropäischen Netze zu realisieren.

Die EG kann aber die Harmonisierung in Form einer ausgewogenen Forschungspolitik sinnvoll begleiten. Hierzu zählt die Unterstützung von Forschungs- und Entwicklungsprojekten in der Telekommunikation, wobei die Handlungsfreiheit der Betreiber bezüglich der Einführung neuer Techniken und Dienste gewahrt bleiben muß.

Die eigentlichen Aufgaben der EG sollten aber auf den Bereich der Ordnungspolitik begrenzt sein. Es ist Aufgabe der EG, einen europaweit einheitlichen Ordnungsrahmen in der Telekommunikation vorzugeben, der die Spielregeln für die am Markt agierenden Betreiber, Diensteanbieter und Hersteller im Sinne eines fairen Wettbewerbs festlegt. Die EG hat hierbei seit den 80er Jahren durch ihre Liberalisierungspolitik wichtige Weichenstellungen vorgenommen und entwickelt sich zu der zentralen Regulierungsinstanz in der europäischen Telekommunikation.

Die Telekommunikationspolitik der EG besitzt einen großen Einfluß auf die geschäftlichen Aktivitäten der europäischen Betreiber. Es ist daher nur legitim, wenn die Betreiber auf die Ausgestaltung der Regulierung Einfluß nehmen wollen. Die Positionen der Betreiber werden dabei seit Mai 1992 in ETNO koordiniert. ETNO hat in dieser kurzen Zeit bereits zu zentralen Themen in der Form von

„Common Positions", die von allen Mitgliedern unterstützt werden, Stellung bezogen.

Auf dem Gebiet der Tarifierung nimmt ETNO die Kritik der EG bezüglich der überhöhten Tarife im grenzüberschreitenden Telefonverkehr innerhalb der Gemeinschaft zur Kenntnis. Die europäischen Betreiber sprechen sich ebenso wie die EG für kostenorientierte Tarife aus. Es muß aber betont werden, daß derartige Tarife nicht nur eine Senkung der Gebühren im Fernverkehr, sondern auch eine Erhöhung der Gebühren im lokalen Bereich bedeuten. Gegenwärtig ist der Handlungsspielraum der nationalen Betreiber für die notwendige Angleichung der Tarife aber durch politische Vorgaben stark eingeschränkt. Kurzum: Kostenorientierte Tarife bedingen eine Reduzierung der politischen Vorgaben für die Betreiber und die Möglichkeit eines „Rebalancing" der Tarifstruktur.

Auf dem Gebiet der europäischen Rufnummernplanung begrüßen die europäischen Betreiber den Vorstoß der EG in Richtung einer Intensivierung der Zusammenarbeit. Es wird als ausreichend angesehen, wenn die Betreiber zusammen mit den zuständigen nationalen Behörden die Kooperation in den bereits bestehenden Gremien intensivieren. Eine derartige Kooperation sollte nicht nur die EG-Staaten sondern auch die EFTA-Staaten sowie die Länder Osteuropas einschließen.

Von vorrangiger Bedeutung für die europäischen Betreiber sind allerdings die aktuellen Vorschläge der EG für eine Liberalisierung des grenzüberschreitenden Telefonverkehrs in der Gemeinschaft, wie sie im kürzlich verabschiedeten „Review" der EG-Kommission vorgeschlagen werden.

Die europäischen Betreiber haben aufgrund der unterschiedlichen ökonomischen und rechtlichen Rahmenbedingungen in ihren Ländern in einigen Bereichen unterschiedliche Ansichten bezüglich der Reichweite und der Geschwindigkeit einer weiteren Liberalisierung. Gleichwohl wurden die folgenden gemeinsamen Grundsatzpositionen formuliert:

Zunächst müssen die ökonomischen Wirkungen der Liberalisierung berücksichtigt werden. Die Aufhebung des Telefondienstemonopols bedingt, daß die öffentlichen Betreiber die Preise für Telefondienste den tatsächlichen Kosten anpassen müssen. Nur so kann die Wettbewerbsfähigkeit der Betreiber aufrechterhalten werden. Wie bereits erwähnt, ist der Handlungsspielraum der Betreiber auf dem Gebiet der Tarifierung durch politische Vorgaben begrenzt. Eine weitere Liberalisierung muß deshalb einhergehen mit einer Reduzierung politischer Auflagen der europäischen Betreiber, um faire Wettbewerbsbedingungen zu garantieren.

Des weiteren müssen die Wirkungen der Liberalisierung auf andere Ziele der EG-Telekommunikationspolitik bedacht werden. Dies gilt vor allem für die Realisierung transeuropäischer Netze. Es ist aufgezeigt worden, daß die europäischen Betreiber bereit sind, die geforderte europaweite Basisinfrastruktur in der Telekommunikation bereitzustellen. Die europäischen Betreiber können die mit diesem Infrastrukturauftrag verbundenen Investitionen nur dann aufbringen, wenn sie über eine entsprechende Finanzsituation verfügen. Die EG muß daher ihre ordnungspolitischen Konzepte weiter entwickeln, um in einem deregulierten Umfeld in gerechter Weise alle Anbieter mit Infrastrukturauflagen zu belegen und in gebührendem Maße zur Finanzierung transeuropäischer Netze heranzuziehen.

Eine weitere Forderung der europäischen Betreiber besteht darin, daß die EG die für die Zukunft anvisierte Liberalisierungsschritte frühzeitig transparent macht. Nur so kann die für den Betrieb und die Weiterentwicklung von Telekommunikationsnetzen unerläßliche Planungssicherheit für die europäischen Betreiber gewährleistet werden. Die Deutsche Bundespost Telekom fordert die EG daher auf, ihren Liberalisierungsplan bis zum Jahre 2000 offen zu legen. Nur so können die Betreiber gesicherte Aussagen bezüglich der Errichtung transeuropäischer Telekommunikationsnetze treffen.

Eine Liberalisierung sollte zudem verknüpft werden mit einer Harmonisierung der regulatorischen Rahmenbedingungen in den Mitgliedstaaten, um Wettbewerbsverzerrungen auszuschließen. In Deutschland bestehen z. B. sehr liberale Regelungen auf dem Markt für Mehrwertdienste, während in vielen anderen Staaten der Gemeinschaft hierfür sehr restriktive Bestimmungen gelten. Der Deutschen Bundespost Telekom entstehen hierdurch gewichtige Wettbewerbsnachteile gegenüber ihren Konkurrenten.

Das Ziel fairer Wettbewerbsbedingungen muß zudem mit der Situation auf dem Weltmarkt abgestimmt werden. Die Telekommunikation ist heute eine globale Industrie. Die europäische Telekommunikationsindustrie ist deshalb auf den Zugang zu Drittmärkten angewiesen. Gegenwärtig bestehen aber noch, insbesondere in Nordamerika und in Japan, gewichtige Markteintrittsbarrieren für europäische Anbieter. Die EG sollte deshalb im Rahmen der laufenden GATT-Runde und in bilateralen Verhandlungen vor einer weiteren Öffnung des EG-Binnenmarktes sicherstellen, daß derartige Barrieren auf Drittmärkten auf der Basis der Reziprozität abgebaut werden.

Bei allen diesen Bemühungen erhält die EG mit der ETNO einen Ansprechpartner der europäischen Betreiber. ETNO wird dabei gemeinsame Stellungnahmen formulieren, die zu bestimmten Themen den kleinsten gemeinsamen Nenner der Mitglieder beschreiben. Darüber hinaus sind aber die ETNO-Reports vorgesehen, die zu bestimmten Problemkreisen die gesamte Breite der Positionen und die Erfahrungen der europäischen Betreiber enthalten. Dies erhöht nicht nur die Flexibilität von ETNO, sondern gibt zudem zusätzliche Impulse für die europäische Telekommunikationspolitik. ETNO ist insofern nicht nur Partner der EG. Beide Institutionen sollten sich im Sinne eines Kräfteparallelogramms zur Verwirklichung eines gemeinsamen Ziels betrachten, nämlich die Verwirklichung effizienter Kommunikationsstrukturen in Europa.

Die EG kann bei ihren Regulierungsaufgaben auf die Erfahrung und Fachkompetenz der europäischen Betreiber nicht verzichten. ETNO kann aufgrund der breiten paneuropäischen Mitgliedschaft als Brücke zwischen der EG und den Betreibern aus den übrigen EFTA-Staaten und Osteuropa dienen und die Integration Gesamteuropas fördern.

5 Schlußbemerkung

Die europäischen Betreiber haben im Wege der Kooperation entscheidende Maßnahmen für die Errichtung einer europaweiten Telekommunikationsinfrastruktur getroffen, die eine leistungsfähige Plattform für den europäischen

Binnenmarkt bilden wird. Sie ist ferner die Basis für die wettbewerbsintensiven europäischen Dienstmärkte in der Telekommunikation. Die Weiterentwicklung trans-europäischer Netze erfordert eine gesunde, ausreichende Finanzsituation der europäischen Betreiber und klare regulatorische Vorgaben im Rahmen einer konsistenten EG-Telekommunikationspolitik. Die EG sollte sich auf ihre Aufgaben im Bereich der Ordnungs- und Industriepolitik konzentrieren und in Anlehnung an das Subsidiaritätsprinzip auf regulatorische Eingriffe bei der Harmonisierung von Netzen und Diensten im Interesse marktnaher und kundenorientierten Lösungen verzichten.

Die Deutsche Bundespost Telekom ist sich als größter europäischer Betreiber ihrer besonderen Verantwortung bewußt und wird ihren Beitrag für die Schaffung trans-europäischer Netze leisten. Sie hat zudem die Weichen für die Zukunft gestellt, um als leistungsfähiges Telekommunikationsunternehmen auf den europäischen und internationalen Märkten bestehen zu können.

Entwicklungstrends auf den europäischen Telekommunikationsmärkten

Th. Schnöring

Die monopolistisch strukturierten nationalen Telekommunikationsmärkte der Industrieländer sind seit Anfang der 80er Jahre einem starken Strukturwandel ausgesetzt. Liberalisierung, Privatisierung und Internationalisierung prägen die Entwicklung auf dem Netzbetreiber- und Dienstemarkt. Der Markt für zellulare Mobilkommunikation spielt dabei eine Vorreiterrolle. Die meisten PTOs bemühen sich intensiv um eine Internationalisierung ihrer Aktivitäten. Regulatorische Asymmetrien sind dabei von entscheidender Bedeutung. In der Telekommunikationsgeräteindustrie ist eine deutliche Intensivierung des internationalen Wettbewerbs und eine wechselseitige Marktdurchdringung der Industrieländer festzustellen. Dabei haben die EG-Länder, insbesondere Deutschland, seit 1980 erhebliche Marktanteile verloren. Die Patentanmeldungen im Telekommunikationsbereich signalisieren ein weiteres Zurückfallen der europäischen Staaten gegenüber Japan und den USA vor allem im Endgerätebereich.

1 Einleitung

Die Telekommunikationsmärkte unterliegen einem dynamischen Strukturwandel. Angesichts der überaus vielfältigen Veränderungen in den ordnungspolitischen Rahmenbedingungen, in der Technologie und auf den Märkten selbst fällt es nicht immer leicht, die wesentlichen strukturellen Entwicklungstrends zu erkennen und daraus Schlußfolgerungen für die weitere Entwicklung zu ziehen. So ist der 1. Januar 1993 im öffentlichen Bewußtsein zwar der Tag, an dem der Europäische Binnenmarkt verwirklicht sein wird und von dem an alles anders sein soll. De facto wird sich an diesem Tag aber (fast) nichts schlagartig ändern. Einige Änderungen in Richtung auf einen europäischen Binnenmarkt sind seit langem Schritt für Schritt vollzogen, weitere müssen und werden folgen.

In dynamischen Entwicklungsprozessen lassen sich Entwicklungstrends besser erkennen, wenn man einen etwas längeren Beobachtungszeitraum wählt. Deshalb wird im Folgenden zunächst, in stark vereinfachender Form an die Ausgangsstrukturen der nationalen Telekommunikationsmärkte in Europa von Anfang der 80er Jahre erinnert. Anschließend werden die wesentlichen strukturellen Entwicklungstrends auf den europäischen Telekommunikationsmärkten unter folgenden Gesichtspunkten skizziert: Welche der damals vorhergesagten Entwicklungen haben sich tatsächlich eingestellt? Welche Trends werden die weitere Entwicklung in der Telekommunikation prägen, und wo stehen der europäische

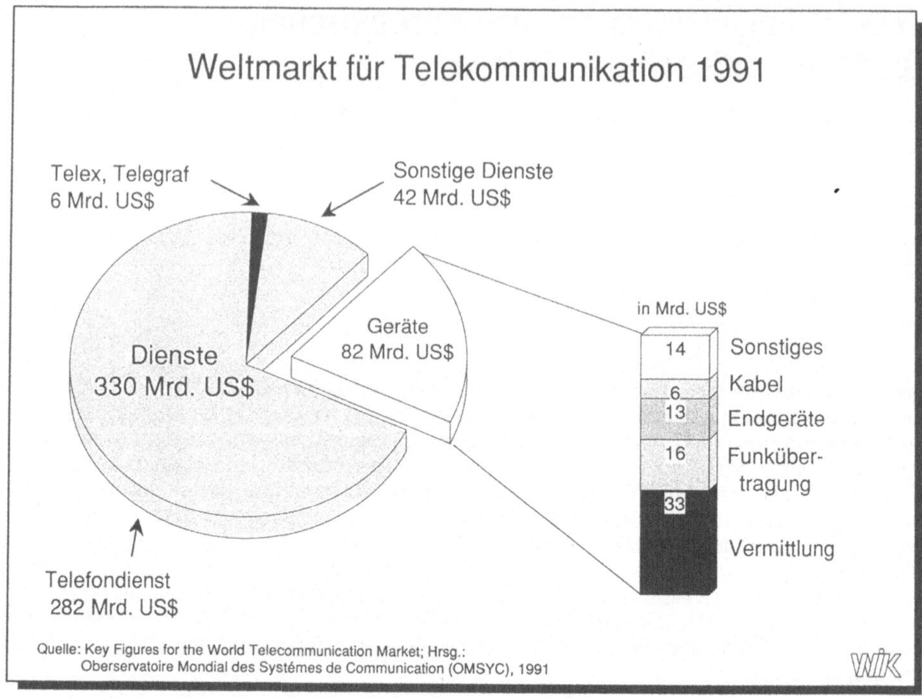

Abb. 1.1. Weltmarkt für Telekommunikation 1991

Telekommunikationsmarkt und die europäischen Telekommunikationsunternehmen im Kontext der Triade USA, Japan und Europa? Eine auf Europa beschränkte Betrachtung ist angesichts der wachsenden weltweiten Interdependenz der Entwicklung nicht mehr angemessen.

Die Untersuchung hat – vereinfachend – zwei Märkte im Auge, den Markt der Netzbetreiber und Diensteanbieter auf der einen und den Markt für Telekommunikationsgeräte auf der anderen Seite. Abbildung 1.1 gibt eine der vielen, immer zu leicht unterschiedlichen Werten kommenden Abschätzungen des Weltmarktvolumens für Telekommunikationsdienste und Telekommunikationsgeräte wieder. Die verschiedenen Abschätzungen veranschlagen den Anteil des Marktes für Geräte und Systeme übereinstimmend auf knapp ein Fünftel bis ein Viertel des gesamten Marktvolumens und sie stimmen darin überein, daß der Servicebereich schneller wächst als der Gerätebereich.

2 Ein kurzer Blick zurück

Noch zu Beginn der 80er Jahre war der Telekommunikationssektor der Industriestaaten von langen stabilen Strukturen geprägt: Monopolistische Strukturen beim Netzbetrieb, im Dienste- und Endgerätebereich, starke politische Einflußnahmen und vergleichsweise geringe Innovationsraten kennzeichneten die Märkte der

Netzbetreiber. Ihre Aktivitäten waren im wesentlichen auf nationale Märkte beschränkt und der internationale Telekommunikationsverkehr wurde im Rahmen eines stabilen Regelwerkes kooperativ abgewickelt. Eine internationale Arbeitsteilung und einen internationalen Wettbewerb zwischen den Public Telecommunications Operators (PTOs) in der Form von Dienstleistungsexporten oder von Direktinvestitionen im Ausland gab es damals nicht.

Die Telekommunikationsgeräteindustrie der Industrieländer war auf die jeweilige nationale Telefongesellschaft orientiert und ebenfalls weitgehend national organisiert. Es gab zwar einige (formal) multinationale Konzerne in der Branche wie ITT und Philips, aber die Tochtergesellschaften agierten in den einzelnen nationalen Märkten weitgehend selbständig und unabhängig von den Konzernzentralen. Die Märkte der Industrieländer waren durch nationale Standards und vertikale bzw. quasi-vertikale Verflechtungen zwischen Netzbetreibern und Herstellern gegenüber ausländischen Wettbewerbern weitgehend abgeschottet. Es gab wenig internationalen Handel zwischen den Industrieländern. Der internationale Wettbewerb der Hersteller fand, wenn überhaupt, auf den Märkten der Länder ohne eigene Herstellerindustrie statt und auch auf diesen Märkten war der Wettbewerb durch alte Kolonialbeziehungen und andere stabile Strukturen beschränkt. D.h. auch in der Telekommunikationsgeräteindustrie waren der internationale Wettbewerb und die internationale Arbeitsteilung nur unvollständig entwickelt. Die monopolistischen, auf die nationalen Märkte ausgerichteten Strukturen der Netzbetreiber hatten weitgehend national ausgerichtete Herstellerindustrien zur Folge. Dies gilt für alle Industrieländer, auch wenn die Strukturen der Kooperation und des Wettbewerbs in den einzelnen Ländern durchaus unterschiedlich waren[1].

Diese gleichartigen Strukturen des Telekommunikationssektors sind durch eine Reihe von technischen, ökonomischen und politischen Entwicklungstrends im Netzbetreiber- und im Herstellerbereich unter starken Anpassungsdruck geraten. Dabei geht die Entwicklung zwar in allen Ländern in dieselbe Richtung. Beginn, Dynamik und die jeweilige Ausgangsstruktur unterscheiden sich jedoch erheblich und daraus können sowohl für die Unternehmen der Branche als auch für die Volkswirtschaften der Länder erhebliche Wettbewerbsvor- und Wettbewerbsnachteile entstehen.

3 Entwicklungstrends auf den Netzbetreiber- und den Dienstemärkten

3.1 Kräfte des Wandels

Die alten Strukturen des Telekommunikationsmarktes sind seit gut einem Jahrzehnt einem gravierenden Wandel ausgesetzt, der sich mit den Stichworten wachsende Nutzeranforderungen, schneller technologischer Fortschritt, Liberalisierung der Märkte und Privatisierung skizzieren läßt (Abb. 3.1).

---

[1] Dies wird zum Beispiel deutlich an den nationalen FuE-Systemen (Grupp, Schnöring 1990/1991).

Veränderung des Telekommunikationsmarktes

1. Wachsende Nutzeranforderungen

- Neue Dienste, mehr Komfort, benutzerfreundlicher, preiswerter
  (Voice, Nonvoice, Multimedia, Breitbandkommunikation, Mobilkommunikation u.a.)

- Zunehmende internationale Vernetzung

2. Technologischer Fortschritt

- Kleiner, schneller, mehr Funktionen, billiger je Funktion
  (Mikroelektronik, Software, LWL-Übertragungstechnik, neue Netztechnologien u.a.)

3. Liberalisierung der Märkte

- Mehr Wettbewerb im Betreiber- und Herstellermarkt
  Größere Dienstevielfalt, besserer Service, günstigere Preise für den Nutzer

4. Privatisierung

- Kapitalmarkteinfluß

- Globalisierung von Telefongesellschaften

Abb. 3.1. Veränderung des Telekommunikationsmarktes

Differenzierte Nutzeranforderungen führen zu einer Vielzahl von Diensten und Anwendungen, und die Telekommunikationstechnik hat sich zu einem dynamischen High-Tech-Gebiet entwickelt. In Europa und in Übersee schreitet die Liberalisierung der Märkte zügig voran, wobei sich der Zeitpunkt und das Ausmaß der Liberalisierung in den verschiedenen Teilmärkten und Ländern deutlich unterscheidet (Abb. 3.2). Die Endgerätemärkte sind weitgehend liberalisiert, während der Grad der Liberalisierung bei Diensten und bei Netzen zwischen den Ländern noch ganz erheblich divergiert. Bei den Telekommunikationsnetzen ist der Marktzutritt überall durch Monopolrechte oder eine begrenzte Zahl von Lizenzen beschränkt. Damit ist die staatliche Ordnungspolitik in diesem Bereich nach wie vor entscheidend für die Marktstrukturen, während sich die Strukturen in den anderen Marktsegmenten in zunehmendem Maße durch wettbewerbliche Prozesse herausbilden.

Die Privatisierung staatlicher PTOs geht weltweit zügig voran (Abbildung 3.3), wobei die mit der Privatisierung verbundenen Ziele in den Ländern durchaus unterschiedlich sind. Sie beziehen sich auf die Effizienz der PTOs, auf finanzielle Engpässe der staatlichen Eigentümer und andere politische Ziele. Angesichts der erwarteten großen Zahl von Privatisierungsvorhaben für die nächsten Jahre wird inzwischen schon kritisch die Frage nach der Aufnahmefähigkeit des Kapitalmarktes für diese große Zahl von Privatisierungsvorhaben gestellt (Newmann 1992). Trotzdem wird man davon ausgehen können, daß in den nächsten Jahren weitere PTOs privatisiert werden.

Insgesamt werden sich mit der fortschreitenden Liberalisierung der Netzbetreiber- und Dienstemärkte und durch die mit der Privatisierung einhergehende

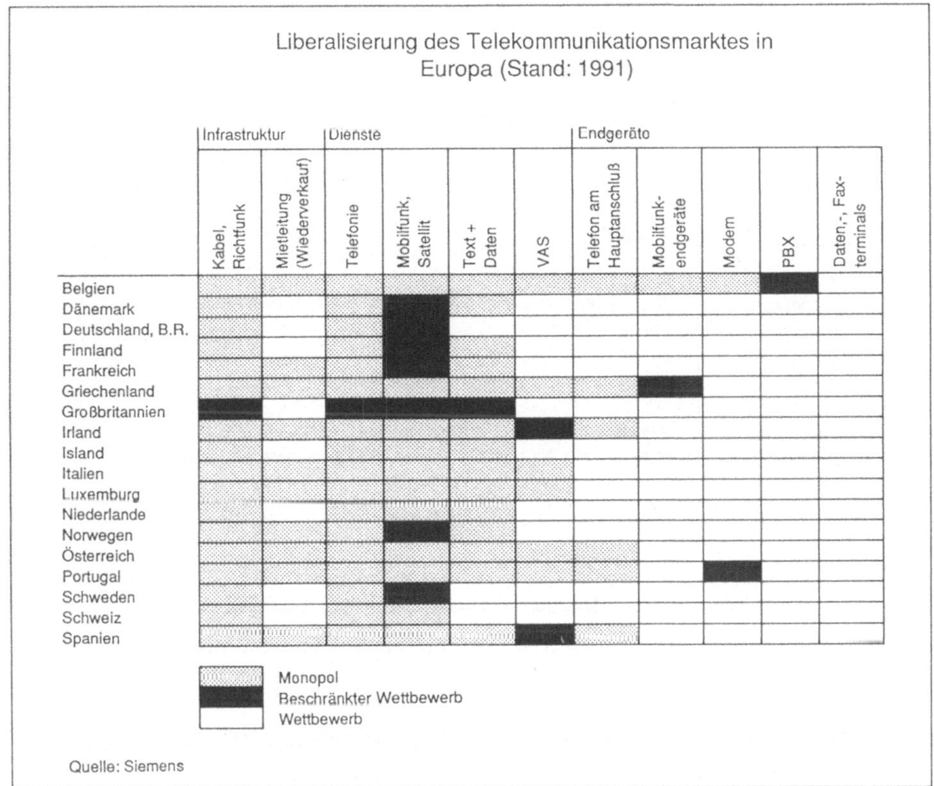

Abb. 3.2. Liberalisierung des Telekommunikationsmarktes in Europa (Stand: 1991)

stärkere Einbeziehung des Kapitalmarktes die „normalen" marktlichen Einflüsse
auf die Marktentwicklung im Telekommunikationssektor weiter erhöhen. Diese
Einschätzung ist relativ unstrittig. Offen bleibt hingegen, welche Marktstrukturen
sich zukünftig auf den verschiedenen Märkten herausbilden und welche der
großen Telefongesellschaften in diesem Prozeß besonders erfolgreich und welche
weniger erfolgreich sein werden. Antworten auf diese Fragen sind angesichts der
Dynamik und Komplexität der Veränderungen und der häufigen Strategiewechsel
vieler PTOs zur Zeit allenfalls in Ansätzen möglich.

Man denke nur an die vielfältigen möglichen Auswirkungen der von AT&T
angestrebten Beteiligung an dem größten US-amerikanischen Mobiltelefonnetzbetreiber McCaw, die AT&T mit einem Schlag in eine unmittelbare Konkurrenz
zu den RBOCs bringen würde. Die mit der Entflechtung des Bell Systems 1984
gerichtlich geschaffenen Marktstrukturen würden durch diese Beteiligung ernsthaft in Frage gestellt (Dickson 1992).

Die gegenwärtige Größenverteilung zwischen den Netzbetreibern (Abbildung
3.4) reflektiert im wesentlichen die Größe von Ländern und ihre ordnungspolitischen Strukturen. Sie ist deshalb weniger als in vielen anderen Wirtschaftsektoren

Weltweite Privatisierungsaktivitäten im Telekommunikationssektor

Stadium	Land
durchgeführt	Argentinien, Chile, Hong Kong, Mexiko, Neuseeland, Großbritannien, Venezuela
in der Umsetzung	Ungarn, Israel, Panama, Portugal, Singapur, Uruguay
geplant/ beab-sichtigt	Brasilien, Costa Rica, CSFR, Deutschland, Honduras, Indonesien, Irland, Kenia, Nigeria, Süd-Korea, Sudan, Schweden, Taiwan

Quelle: Financial Times vom 15.10.92   WIK

Abb. 3.3. Weltweite Privatisierungsaktivitäten im Telekommunikationssektor

als Indikator für die relative Wettbewerbsfähigkeit der PTOs auf den sich internationalisierenden Telekommunikationsmärkten anzusehen.

3.2 Liberalisierung der Märkte und Internationalisierung der Telefongesellschaften

Im Bereich des Mobilfunks ist die Liberalisierung und Internationalisierung der Netzbetreibermärkte in Europa wie in Übersee besonders weit fortgeschritten. Angesichts der großen Wachstumsdynamik im Mobilfunk gehen von den Entwicklungen in diesem Bereich gegenwärtig die stärksten Impulse zur Veränderung der Marktstrukturen auf der Ebene der Netzbetreiber aus. Abbildung 3.5 zeigt, wie sich die Wettbewerbsstruktur in den westeuropäischen Staaten beim Übergang von den analogen Mobiltelefonnetzen zu den neuen digitalen GSM Netzen verändert hat bzw. noch verändern wird.

Bei den analogen Netzen gibt es in zwei der EG-Länder Wettbewerb zwischen zwei Anbietern, bei den GSM Netzen wird dies (gegenwärtig absehbar) in acht Ländern der Fall sein. Fast überall auf der Welt werden inzwischen mehrere, zumeist private Netzbetreiber im Mobilfunk zugelassen, und diese Entwicklung wird erhebliche Auswirkungen auf andere Bereiche des Telekommunikationsdienstemarktes und auf den Telekommunikationsgerätemarkt haben.

Mit der Lizenzierung von privaten Wettbewerbern ist es in vielen europäischen Ländern zu einem Marktzutritt ausländischer PTOs über Beteiligungen an den privaten Wettbewerbern gekommen (Abbildung 3.6). Die amerikanischen

Die größten Telefongesellschaften der Welt

Rang	Konzern	Land	Umsatz *
1	NTT	Japan	34,7
2	Telekom	Deutschland	19,7
3	AT&T	USA	19,7
4	BT	UK	19,1
5	France Telecom	Frankreich	16,6
6	Bellsouth	USA	11,3
7	SIP	Italien	11,0
8	Nynex	USA	10,7
9	GTE	USA	10,0
10	Bell Atlantic	USA	9,7
11	Ameritech	USA	8,4
12	US West	USA	7,8
13	Pacific Telesis	USA	7,6
14	Southwestern Bell	USA	7,2
15	Telefonica	Spanien	6,6

* in Mrd. ECU (1 ECU = 1,273 US $)

Quelle: Kommission der Europäischen Gemeinschaften (1992), Mitteilung der
Kommission, Die europäische Telekommunikationsgeräte-Industrie - Situation,
Chancen und Risiken, Aktionsvorschläge, Brüssel

Abb. 3.4. Die größten Telefongesellschaften der Welt

RBOCs sind dabei besonders aktiv. Ähnliche Entwicklungen zeigen sich auch in Osteuropa und in Übersee. Die Lizenzierung privater Wettbewerber für den Betrieb zellularer Mobilfunknetze führt damit in vielen Fällen zu einem unmittelbaren Wettbewerb der großen PTOs auf ihren Heimmärkten. Mit der Liberalisierung der Mobiltelefonmärkte kommt es zu einer Internationalisierung der zuvor weitgehend geschlossenen nationalen Telekommunikationsmärkte.

Im Zusammenhang mit der Liberalisierung der Satellitenkommunikation sind zumindest für Deutschland ähnliche Entwicklungstrends zu beobachten. Über die Hälfte der privaten Lizenznehmer sind vollständig oder teilweise in ausländischem Besitz (Abbildung 3.7). Unter den ausländischen Teilhabern befinden sich BT, Swedish Telecom und andere europäische Telefongesellschaften.

Die ordnungspolitische Entwicklung der letzten Jahre hat aber nicht nur beim Mobilfunk und im Satellitenbereich neue Marktzutrittsmöglichkeiten geschaffen, sondern auch auf der Ebene der terrestrischen Netze wie die Entwicklung in den USA, Japan, Großbritannien, Schweden und anderen Ländern zeigt. Einzelne ausländische PTOs, vor allem die RBOCs und Cable & Wireless, haben sich auch auf diesem Gebiet engagiert. Insgesamt werden sich die Marktstrukturen bei den

Wettbewerb auf den europäischen Mobiltelefonmärkten (Netzbetrieb)			
Länder	**analoge Netze**	**GSM**	**PCN**
Großbritannien	Duopol	Duopol	3 Lizenzen vergeben
Italien	Monopol	bisher Monopol	
Deutschland	Monopol	Duopol	1 Lizenz ausgeschrieben
Frankreich	Duopol	Duopol	
Dänemark	Monopol	Duopol	
Niederlande	Monopol	bisher Monopol	
Spanien	Monopol	bisher Monopol	
Belgien	Monopol	Monopol	
Irland	Monopol	Monopol	
Portugal	Monopol	Duopol	
Luxemburg	Monopol	Monopol	
Griechenland		Duopol	
Schweden	Duopol	3 Wettbewerber	
Finnland	Monopol	Duopol	
Norwegen	Monopol	Duopol	
Schweiz	Monopol	Monopol	
Österreich	Monopol	Monopol	
Island	Monopol		

Stand: Oktober 1992

WIK

Abb. 3.5. Wettbewerb auf den europäischen Mobiltelefonmärkten (Netzbetrieb)

Abb. 3.6. Netzbetreiber auf europäischen Mobiltelefonmärkten ▶

Netzbetreiber auf europäischen Mobiltelefonmärkten		
Länder	**analoge Netze**	**GSM** · **PCN**
Großbritannien	• Cellnet (BT) • Vodafone (**Millicom** bis 1986)	• Cellnet (BT) • Vodafone	• Microtel (**Hutchinson**) • Unitel *(US West)* / Mercury PCN (**C&W**)
Italien	• SIP	• SIP	
Deutschland	• Telekom	• Telekom • Mannesmann Mobilfunk *(PacTel, C&W)*	Bewerberkonsortien: • E-Plus (**Bell South, Vodafone**), • E-Star (**GTE, US West**)
Frankreich	• France Telecom • SFR (**Bell South, Vodafone**)	• France Telecom • SFR (*Bell South, Vodafone*)	
Dänemark	• Telecom Denmark	• Telecom Denmark • Dansk Mobil Telefon (*Bell South*)	
Niederlande	• niederl. PTT	• niederl. PTT	
Spanien	• Telefonica	• Telefonica	
Belgien	• Belgacom	• Belgacom	
Irland	• Telecom Ireland	• Telecom Ireland	
Portugal	• Telecom Portugal/ Telefonos des Lisboa e Porto	• Telecom Portugal/Telefonos des Lisboa e Porto; • Telecel (*PacTel*)	
Luxemburg	• luxemb. PTT	• luxemb. PTT	
Griechenland		• **Stet**; • Panfon (**Vodafone, France Telecom**)	
Schweden	• Swedish Telecom • Comvik	• Swedish Telecom • Comvik • Nordic Tel (*Vodafone*)	
Finnland	• Telecom Finland	• Telecom Finland • Radioluija	
Norwegen	• Norwegian Telecom	• Norwegian Telecom • Netcom (**Comvik**)	
Schweiz	• PTT	• PTT	
Österreich	• PTT	• PTT	
Island	• PTT		

Stand: Oktober 1992

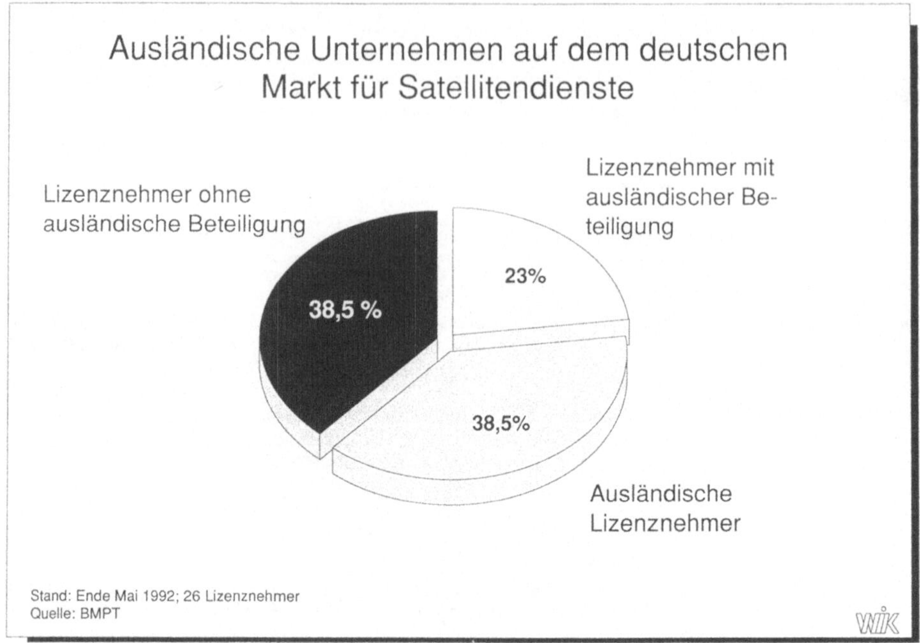

Abb. 3.7. Ausländische Unternehmen auf dem deutschen Markt für Satellitendienste

terrestrischen Netzen infolge der großen Investitionsrisiken aber nur langsam und vermutlich auch weniger verändern als in anderen Segmenten des Telekommunikationsmarktes.

Die Globalisierung der Kommunikationsbedürfnisse von großen Geschäftskunden ist ein weiterer wesentlicher Trend, der die zuvor nationalen Telekommunikationsdienstemärkte internationalisiert, der die großen Telefongesellschaften in einen zunehmenden Wettbewerb untereinander bringt und der neuen branchenfremden Unternehmen Marktzutrittschancen eröffnet. Die PTOs folgen ihren Hauptkunden ins Ausland, und sie reagieren auf diese Entwicklung mit einer fast unüberschaubaren Vielzahl von Allianzen, Joint Ventures, Beteiligungen und anderen Initiativen.

Die genannten Trends führen zu einer Auflösung der alten nationalen, monopolistisch strukturierten Telekommunikationsmärkte und zu einer Internationalisierung des Wettbewerbs auf den nationalen und auf den internationalen Telekommunikationsmärkten. Wobei man feststellen kann, daß diese Entwicklung in den einzelnen Industriestaaten bisher unterschiedlich weit fortgeschritten ist und (dementsprechend) auch die strategischen Reaktionen der PTOs unterschiedlich weit entwickelt sind.

Ein früher Start wie etwa bei BT und RBOCs bringt nicht nur Vorteile, er kann mit erheblichen Verlusten verbunden sein, und Spätstarter wie die deutsche Telekom können möglicherweise aus den Fehlern der anderen PTOs lernen. Erste Untersuchungen der Internationalisierungsbestrebungen der großen Telefongesellschaften lassen noch keine fokussierten Strategien erkennen. Vielfältige

Strategiewechsel prägen bei einigen PTOs das Bild. Die Bestrebungen lassen sich eher als ein durch regulatorische Asymmetrien beeinflußter trial and error Prozeß charakterisieren, der bisher zu keinen größeren wirtschaftlichen Erfolgen geführt hat (Granstrand, Johansson 1992).

Die regulatorischen Vorgaben für einen Marktzutritt ausländischer Unternehmen auf der Ebene des Netzbetriebes unterscheiden sich zwischen den Industriestaaten gegenwärtig noch ganz erheblich. Für die USA beispielsweise beschränkt der US Communications Act direkte Beteiligungen ausländischer Unternehmen an Mobiltelefonnetzbetreibern auf 20% und indirekte Beteiligungen auf 25% (Hein 1991), während ausländische Beteiligungen an Mobilfunknetzbetreiber in der Bundesrepublik Deutschland beispielsweise keinerlei Beschränkungen unterliegen. PacTel bzw. Bell South sind in Europa in Deutschland, Dänemark und Portugal mit über 20% an privaten GSM-Netzbetreibern beteiligt, und es gibt zahlreiche weitere erhebliche Beteiligungen der RBOCs an zellularen Mobilfunknetzen in Europa und anderswo (FinTech – Mobile Communications 1992). Die asymmetrische regulatorische Behandlung von ausländischen Beteiligungen an Netzbetreibern kann zu Wettbewerbsverzerrungen zu Lasten europäischer Telefongesellschaften führen. Dementsprechend sollten die nationalen Regierungen und die EG Kommission im Rahmen der internationalen Verhandlungen vergleichbare Marktzutrittsbedingungen anstreben.

3.3 Verflechtung mit der Telekommunikationsgeräteindustrie

Vergleichsweise eindeutig erscheinen die Auswirkungen der Liberalisierung auf die Telekommunikationsgeräteindustrie und die traditionell engen Beziehungen zwischen einzelnen Herstellern und PTOs.

Es gibt viele Hinweise darauf, daß die Liberalisierung das Wachstum der Telekommunikationsmärkte wesentlich beschleunigt und dies schlägt sich auch in einer erhöhten Nachfrage nach Telekommunikationsgeräten nieder (Arthur D. Little 1992). So erwartet der Bundesminister für Post und Telekommunikation für die Bundesrepublik Deutschland aufgrund seiner Lizenzierung privater Mobilfunknetzbetreiber bis 1998 zusätzliche private Investitionen in einer Größenordnung von 15 Mrd. DM (TEL-COM, DV + Orga 1992), und diese zusätzlichen Investitionen werden zu einem wesentlichen Anteil zu zusätzlicher Nachfrage nach Telekommunikationsgeräten. Insoweit bringt eine Liberalisierung der Netzbetreiber- und Dienstemärkte erhebliche Vorteile für die Hersteller von Telekommunikationsgeräten.

Der durch die Liberalisierung der Netzbetreiber- und Dienstmärkte entstehende Wettbewerbsdruck auf die PTOs setzt diese aber auch unter einen zuvor so nicht vorhandenen Effizienzdruck. Die PTOs sind stärker als früher gezwungen, kostenminimal zu produzieren, und sie müssen ihre Investitionen in neue Netze und Dienste stärker an der absehbaren kaufkräftigen Nachfrage ausrichten. Zur Kostensenkung werden sich die PTOs um eine Intensivierung des Wettbewerbs unter ihren Zulieferfirmen bemühen. Tatsächlich kann man bei vielen europäischen PTOs wie auch bei den RBOCs einen Trend zu Multivendor-Vermittlungs- und Übertragungstechnik und damit eine Auflockerung der alten quasi-vertikalen Verflechtungsstrukturen beobachten.

Aus der Perspektive der einzelnen Herstellerunternehmen erscheint dieser Trend (zunächst) immer dann nachteilig, wenn damit der Umfang und die Preise ihrer Lieferungen an die PTOs unter Druck geraten, zu denen die einzelnen Hersteller in der Vergangenheit besondere Beziehungen hatten. Diese Entwicklung öffnet ihnen auf der anderen Seite aber Marktzutrittsmöglichkeiten bei anderen PTOs und bei neuen privaten Netzbetreibern – dafür gibt es viele Beispiele [2].

Die Situation wird wettbewerbspolitisch dadurch kompliziert, daß es vertikal integrierte Hersteller gibt und daß (zumindest bisher) nicht alle Netzbetreiber dem gleichen Wettbewerbsdruck ausgesetzt sind. Daraus ergeben sich für vertikal integrierte Unternehmen Möglichkeiten zu wettbewerbswidrigen Verhaltensweisen, indem sie marktmächtige Positionen auf den Netzbetreibermärkten ausnutzen, um auf den Gerätemärkten Wettbewerbsvorteile zu erlangen. Eine konsequente Liberalisierung und Internationalisierung der Netzbetreiber- und Dienstemärkte ist letztlich die beste Versicherung gegen solche wettbewerbswidrigen Praktiken (Schnörig 1991) und liefert darüber hinaus die besten Voraussetzungen für ein schnelles Wachstum des gesamten Telekommunikationsmarktes in den entwickelten Industriestaaten.

Man wird von Seiten der EG Kommission allerdings darauf achten müssen, daß die Liberalisierung und Internationalisierung der Netzbetreiber- und Dienstemärkte innerhalb von Europa und im Triade-Kontext in vergleichbaren Schritten erfolgt. Das Streben muß dahin gehen, vergleichbare Marktzutrittsmöglichkeiten und Wettbewerbsbedingungen für Netzbetreiber, Diensteanbieter und Hersteller zu schaffen. Auf diesem Feld bleibt, trotz der Bemühungen der Kommission, sowohl innerhalb Europas als auch im Verhältnis zu den USA und zu Japan viel zu tun.

4 Entwicklungstrends auf den Telekommunikationsgerätemärkten

4.1 Konzentration und Internationalisierung auf der Unternehmensebene

4.1.1 Konzentration und Marktzutritt

Konzentration und wechselseitige Marktdurchdringung kennzeichnen die Entwicklung der Telekommunikationsgerätemärkte auf der Ebene der großen Systemhersteller. Firmenaufkäufe, Beteiligungen, Joint-Ventures, Kooperationen und Allianzen in großer Zahl und auf allen Ebenen der Wertschöpfungskette sind die Instrumente, mit denen die großen Systemhersteller versuchen, in die Heimmärkte ihrer Wettbewerber einzudringen. Externes Unternehmenswachstum soll Wettbewerbsvorteile auf einem zukünftig globalen Telekommunikations-

---

[2] Ercisson liefert nicht zuletzt aus diesem Grund öffentliche Vermittlungstechnik an BT und Mobilfunksystemtechnik an Mannesmann Mobilfunk und einen mit NTT konkurrierenden japanischen Netzbetreiber. Die Vermittlungstechnik von MCI und US Sprint kommt von Northern Telekom und nicht vom Wettbewerber AT&T, und die Markterfolge von Siemens Stromberg Carlson bei den RBOCs passen ebenfalls in dieses Bild.

markt sichern. Empirische Untersuchungen des Kooperationsverhaltens von Unternehmen im Bereich der Informationstechnik zeigen, daß im Telekommunikationssektor die Motive „Markteintritt", „Technologische Komplementarität" und „FuE-Aufwendungen" bei der Entstehung von strategischen technologischen Allianzen eine hervorgehobene Rolle spielen (Hagedoorn 1991). Die Verfügbarkeit von Know-how, Erfahrungskurveneffekte u. a. mehr sprechen dafür, daß die Marktführer der Telekommunikationsgerätebranche zukünftig auf allen drei Märkten der Triade in nennenswertem Umfang vertreten sein müssen, um im weltweiten Wettbewerb mithalten zu können (Pierer 1992).

Die Entwicklung der letzten 10 Jahre ist gerade in Europa, aber nicht nur hier durch eine deutliche Konzentration auf der Ebene der großen, vormals national ausgerichteten Systemhersteller gekennzeichnet. Alcatel NV ist mit einer aggressiven Akquisitionspolitik zum weltgrößten Hersteller aufgestiegen. Siemens hat durch die Übernahme großer Teile des GTE-Herstellerbereiches und den Einstieg bei GPT seine Position verbessert, AT&T ist über Beteiligungen an APT (Niederlande) und Italtel in den europäischen Markt eingestiegen, und diese Beispiele lassen sich nahezu beliebig fortsetzen.

Infolge dieser Entwicklung hat sich die Anzahl der großen Systemhersteller auf dem europäischen Markt von elf (zu Anfang der 80er Jahre) auf heute noch sechs (Alcatel NV, Siemens, Ericsson, Bosch, Philips und Italtel) verringert, wobei Alcatel und Siemens rund die Hälfte des europäischen Gesamtmarktes beherrschen (Kommission der Europäischen Gemeinschaften 1992). Gleichzeitig sind die amerikanischen Konzerne AT&T (APT, Italtel) und zuletzt auch Northern Telekom (STC) durch Akquisitionen und Joint Ventures auf den europäischen Markt vorgedrungen, wie Siemens (Rolm, Stromberg-Carlsen), Alcatel (Rockwell) und Ericsson (Gemeinschaftsunternehmen mit General Electric) auf dem amerikanischen Markt Fuß gefaßt haben. Externes Unternehmenswachstum ist ein wesentliches Charakteristikum der Marktentwicklung in der Telekommunikationsgeräteindustrie. Tabelle 4.1 zeigt die Entwicklung in der Gruppe der führenden Hersteller während des letzten Jahrzehnts.

Ein großes, bisher weitgehend ungelöstes Problem des schnellen externen Unternehmenswachstums der europäischen Hersteller ist die nach wie vor vorhandene große Zahl verschiedener Vermittlungssysteme, die die Unternehmen im Interesse ihrer Kunden pflegen und fortentwickeln müssen. In der Vielfalt der Systeme wirkt die nationale Zersplitterung der europäischen Telekommunikationsmärkte fort. Die amerikanischen und japanischen Unternehmen haben dieses Handikap in geringerem Umfang.

Die Liberalisierung der Märkte, der schnelle technologische Wandel und das dynamische Wachstum der Telekommunikationsmärkte haben aber nicht nur zu einer wechselseitigen Durchdringung der Märkte und einer Konzentration innerhalb der Gruppe der großen Telekommunikationsgerätehersteller geführt. Es gibt in einigen Bereichen auch erheblichen Marktzutritt durch neue Wettbewerber, teils durch Neugründung (Dowling 1988), teils durch Produktdiversifikation aus anderen Bereichen der Informationstechnik.

Besonders auffällig ist dies bei den Telekommunikationsendgeräten. Einige der Marktführer bei Fax-Geräten (Canon, Konica etc.) kommen nicht aus der Telekommunikationsbranche und im Markt für Bildtelefone könnte es eine

Tabelle 4.1 Umstrukturierung innerhalb der Gruppe der führenden Telekommunikationsgerätehersteller 1981–1991

Rang 1981	Unternehmen	Rang 1991	Umgruppierung
1	ATT	2	ATT
2	ITT		
12	Alcatel – CIT		
10	Thomson	1	Alcatel – NV
	Telettra		
	Rockwell		
3	Siemens		
8	GEC	3	Siemens – GPT
13	Plessy	18	GEC
4	Ericsson	6	Ericsson
5	GTE	10	GTE
6	Northern Telecom	5	Northern Telecom
7	NEC	4	NEC
9	Motorola		
	Storno	7	Motorola
	Codex		
	Fujitsu	8	Fujitsu
	IBM	9	IBM
	Telenorma		
	ANT	11	Bosch
	JST		
	Autophon		
	Hassler	13	Ascom
	Zelwerger		
11	Philips	12	Philips

Quelle: Houery, 1991

ähnliche Entwicklung geben. Gerade auf den Endgerätemärkten ist für die
Zukunft mit einer weiteren Intensivierung des branchenübergreifenden Wettbewerbs und mit Marktzutritten aus den Bereichen Unterhaltungselektronik, Büro
und Datentechnik zu rechnen.

Ausgehend von der Digitalisierung der Telekommunikationstechnik wurden
Anfang der 80er Jahre vielfach ein Vordringen von DV-Herstellern in die
Telekommunikationsgerätemärkte und eine entsprechende Diversifikation der
Telekommunikationsgerätehersteller vorhergesagt. Tatsächlich hat es bei einigen
großen Unternehmen solche Diversifikationsversuche gegeben, die bisher aller-
dings wenig erfolgreich waren und die bisher auch nicht zu einer wechselseitigen
Marktdurchdringung von Telekommunikationsgeräten und Datenverarbeitung
geführt haben.

In einzelnen Marktsegmenten, wie den Intelligent Networks, stellt sich die
Situation etwas anders dar. So haben sich auf eine entsprechende Ausschreibung
der DBP Telekom nur Bietergemeinschaften aus traditionellen Telekommunika-
tionsgeräte- und Datenverarbeitungsherstellern erfolgreich beworben.

4.1.2 Vertikale Integration

Zu Beginn der 80er Jahre wurde auch über eine Diversifikation der nicht vertikal integrierten PTOs in den System- und Gerätemarkt und der Hersteller in den Netzbetreiber- und Dienstemarkt spekuliert. Entsprechende Erwartungen wurden vor allem mit Verbundvorteilen bei Forschung und Entwicklung (Grupp, Schnöring 1991) und als Verlängerung der vertikalen und quasi-vertikalen Strukturen der Vergangenheit in die neuen Strukturen begründet. Tatsächlich hat es inzwischen entsprechende Diversifikationsbestrebungen bei einer Reihe von Unternehmen gegeben. Die Versuche der bisher nicht vertikal integrierten Netzträger in den Herstellerbereich hinein zu diversifizieren, waren aber insgesamt weder besonders zahlreich, noch sehr erfolgreich. BT hat seinen Versuch, über den Aufkauf von Mitel in den Nebenstellenanlagenmarkt einzudringen, mit großen Verlusten abgebrochen. GTE hat sich Schritt für Schritt aus dem Herstellerbereich zurückgezogen. Die RBOCs ringen zwar auf der juristischen Ebene um eine Aufhebung der ihnen im Modified Final Judgement auferlegten Beschränkungen bei der Systementwicklung und Herstellung. Ob und wenn ja, inwieweit sie bei einem Erfolg ihrer Bemühungen tatsächlich in den Herstellerbereich diversifizieren werden, muß derzeit aber offen bleiben. Ihre Marktzutrittsdrohung reicht unter Umständen schon aus, um die Wettbewerbsintensität auf den Zuliefermärkten wesentlich zu erhöhen und AT&T von einer möglichen Benachteiligung der RBOCs abzuhalten. Denkbar sind auch FuE-Kooperationen mit Herstellern in ausgewählten Bereichen.

Bei den großen Herstellern gab und gibt es ebenfalls Ansätze zur Diversifikation in den Netzbetreiber- und Dienstemarkt. Dies findet aber bisher im wesentlichen in Randbereichen statt. Eine Reihe von Telekommunikationsgeräteherstellern hat sich in Deutschland erfolgreich um eine Satellitenlizenz beworben oder ist an einer Satellitennetzbetreibergesellschaft beteiligt (ANT, Alcatel SEL, Matra u. a.). Ähnliches gilt für die privaten Bündelfunknetzbetreibergesellschaften in Deutschland. Motorola, Alcatel SEL, AEG Mobil Kommunikation und Quante sind an Bündelfunknetzbetreibern beteiligt. In den Betreiberkonsortien der privaten Mobiltelefonnetze in Europa sind Gerätehersteller dagegen nur schwach vertreten und bei der Privatisierung von Telefongesellschaften treten sie bisher auch nicht in Erscheinung.

Einer Expansion von Herstellern in den Betreiber- und Dienstebereich steht neben möglichen regulatorischen Beschränkungen vor allem ein Argument entgegen: Die Hersteller können damit in eine unmittelbare Konkurrenzposition zu ihren wichtigsten Abnehmern geraten und müssen fürchten, daß dies bei zukünftigen Beschaffungsentscheidungen der etablierten Netzbetreiber eine Rolle spielt. Dies Argument spielt naturgemäß vor allem auf den regionalen Märkten eine Rolle, auf denen die jeweiligen Hersteller als System- und Gerätelieferanten etabliert sind. Auf diese Weise kann die vertikale Integration von AT&T, die von der europäischen Industrie und der Kommission der Europäischen Gemeinschaft ausschließlich als Wettbewerbsvorteil dargestellt wird, auch zu einem Wettbewerbsnachteil werden. Entsprechende Überlegungen sollen bei einigen Beschaffungsentscheidungen der RBOCs zuungunsten von AT&T während der letzten Jahre mitentscheidend gewesen sein (Sweeny, Laws 1991). Deshalb betont AT&T

auch immer wieder, daß man kein Interesse habe, auf den europäischen Märkten als Netzbetreiber aktiv zu werden.

Es wird interessant sein zu beobachten, wie sich die Marktstellung von AT&T auf dem US-amerikanischen Markt für Mobilfunktechnik verändert, wenn AT&T tatsächlich wie angestrebt eine große Beteiligung an dem größten amerikanischen Mobiltelefonnetzbetreiber McCaw übernimmt (Dickson 1992). AT&T war seit der Entflechtung des Bell-Systems kein Mobiltelefonnetzbetreiber in den USA, hat aber eine sehr starke Stellung im Mobilfunkgerätemarkt[3]. Mit der möglichen Übernahme von McCaw wächst bei AT&T das Gewicht des Netzbetreiber- und Dienstebereichs – 1991 62% des Umsatzes – weiter zu Lasten des Telekommunikationsgerätebereiches – 1991 16% des Umsatzes. Es spricht deshalb einiges dafür, daß die Unternehmensleitung von AT&T im Netzbetreiber- und Dienstebereich einen besonderen Schwerpunkt setzt, zumal davon auszugehen ist, daß das Wachstum in diesem Bereich zukünftig größer sein wird als im Telekommunikationsgerätebereich.

Welche Unternehmensstrukturen sich mittel- und langfristig im Verhältnis von Netzbetrieb und Diensten auf der einen Seite sowie System- und Geräteherstellung auf der anderen Seite in liberalisierten Märkten herausbilden werden, ist gegenwärtig noch offen. Umfang und Dauer der Liberalisierung waren bisher zu gering, um diese Frage empirisch zu beantworten. Es gibt aus meiner Sicht aber bisher wenig Anzeichen, die für eine Zunahme der vertikalen Integration sprechen, eher im Gegenteil.

4.1.3 „Koopkurrenz"

Manches spricht dafür, daß ein anderes Modell der Zusammenarbeit von Netzträgern und Herstellern zukunftsweisender ist als eine vertikale Integration. Zur Finanzierung der enormen FuE-Aufwendungen neuer Systeme, zur Realisierung von Verbundvorteilen bei FuE und zur Schaffung gemeinsamer Standards kommt es zu vielfältigen Kooperationen von Netzbetreibern und Herstellern auf europäischer und internationaler Ebene. Wobei die Unternehmen ihre Teilnahme an solchen Kooperationen aus ihren jeweiligen Unternehmenszielen und Strategien ableiten und nicht aus industriepolitischen Vorgaben des Staates. Gleichzeitig gibt es einen intensiven Wettbewerb bei der Verwertung der FuE-Ergebnisse in Systemen, Geräten und Dienstleistungen. Ein solches Modell der „Koopkurrenz" (Giersch 1992), d.h. einer Mischung aus Kooperation auf vorgelagerten Stufen der Wertschöpfungskette und einem intensiven Wettbewerb auf anderen, beginnt sich in vielen anderen Bereichen der Elektrotechnik durchzusetzen. Solange Märkte offen sind und Kooperationen aus unternehmerischen Entscheidungen entstehen, erscheinen solche FuE-Kooperationen wettbewerbspolitisch akzeptabel und volkswirtschaftlich sinnvoll.

Das RACE-Programm der EG-Kommission verwirklicht Elemente eines solchen Modells, in dem europaweit Netzträger, Hersteller und (zuletzt auch)

---

[3] AT&T hat auf dem nordamerikanischen Markt für Mobilfunksystemtechnik mit knapp 30% einen fast ebenso großen Marktanteil wie der Marktführer Motorola mit 33% (FinTech – Mobile Communications 1991).

Tabelle 4.2 Beteiligung von Herstellern, Netzbetreibern und Sonstigen[1] an Race I und II (Stand Mitte 1992)

Sektor	Projektteilnahmen	Projektleitungen
Hersteller	644	96
Netzträger	334	31
Sonstige	632	44
Summe	1610	171

[1] Überwiegend Hochschulen und Anwender
Quelle: Kommission der EG (Hrsg.): Race '92

Tabelle 4.3 Beteiligung von Herstellern an Race I und II (Stand: Mitte 1992)

Rand	Hersteller	Konzern-sitz	Projekt-teilnahmen	Projekt-leitungen
1	Alcatel Alsthom	F	117	24
2	Thomson – CSF	F	44	4
3	Philips N.V.	NL	43	8
4	General Electric Company[1]	UK	35	6
5	Siemens AG	D	35	5
6	L.M. Ericsson	SW	31	6
7	Stet[2]	I	30	1
8	ASCOM	CH	20	1
9	IBM	USA	20	3
10	Matra[3]	F	17	3
11	Northern Telecom[4]	CA	16	4
12	Bosch GmbH	D	14	3
13	AT&T	USA	13	1

[1] Inklusive der Teilnahmen von Plessy und GPT
[2] Teilnahmen von CSELT und Italtel
[3] Inklusive der Teilnahmen von Matra-Ericsson
[4] Inklusive der Teilnahmen von STC
Quelle: Kommission der EG (Hrsg.); RACE '92

Anwender in eine FuE-Kooperation eingebunden werden (Tabelle 4.2). Die amerikanischen Hersteller AT&T und Northern Telecom sind über ihre europäischen Tochtergesellschaften ebenfalls an den FuE-Kooperationen, im Rahmen von RACE beteiligt (Tabelle 4.3). Darüber hinaus gibt es Kooperationsgespräche zwischen RACE und Bellcore. D. h., im Rahmen von RACE gibt es inzwischen de facto eine nordatlantische FuE-Kooperation, trotz intensiven Wettbewerbs der beteiligten Unternehmen.

Dem RACE-Programm liegen meiner Ansicht nach aber auch Elemente der alten ordnungspolitischen Strukturen zu Grunde. RACE ging (zumindest ursprünglich) von der Vorstellung aus, daß monopolistische Telefongesellschaften über die notwendigen finanziellen Ressourcen verfügen, um weitgehend unabhängig von unternehmerischen Rentabilitätsüberlegungen europaweite Breitbandnetze zu errichten. Mit der Liberalisierung der Dienste- und Netzbetreibermärkte in Europa wird dieser Vorstellung Schritt für Schritt der Boden entzogen. Aus diesem Grunde ist es bemerkenswert, daß eine im Auftrag der EG-Kommission erstellte Studie europaweite Glasfaserortsnetze als wichtige Voraussetzung für eine wirkungsvolle Liberalisierung der Telekommunikationsmärkte herausstellt und von den europäischen und nationalen Regulierungsinstanzen entsprechende Vorgaben für die Netzbetreiber fordert (Arthur D. Little 1991). Dieser Ansatz erscheint sowohl ordnungspolitisch als auch volkswirtschaftlich problematisch, weil die Regulierungsbehörden auf diese Weise in erheblichem Maße in wesentliche Investitionsentscheidungen der PTOs eingreifen. In liberalisierten Märkten sollten Investitionsentscheidungen den Unternehmen überlassen bleiben, weil diese das Risiko für Fehlentscheidungen tragen und nicht die Regulierungsbehörden. Es drängt sich der Eindruck auf, als ob mit diesem Vorschlag den PTOs aus industriepolitischen Überlegungen heraus ein bestimmter Investitionspfad aufgezwungen werden soll, der betriebs- und volkswirtschaftlich problematisch sein kann.

4.2 Internationalisierung des Wettbewerbs zwischen den Industriestandorten

4.2.1 Veränderungen des Welthandelsmusters

Unter den Bedingungen eines freien Welthandels entscheiden die komparativen Wettbewerbsvorteile von Ländern und Standorten darüber, wie sich die Produktion international handelbarer Güter, und zu diesen zählen Telekommunikationsgeräte, weltweit verteilt. Die Kosten von Arbeit und Kapital, aber vor allem der Umfang und die Effizienz von FuE-Systemen in Verbindung mit einem innovativen nationalen Anwendungsumfeld sind in vielen Industriezweigen inzwischen die wesentlichen Bestimmungsfaktoren der internationalen Wettbewerbsfähigkeit von Ländern und Standorten (Porter 1991). Hinzu kommt, daß sich die komparativen Wettbewerbsvorteile in innovativen Sektoren wie der elektrotechnischen Industrie im Unterschied zu früher relativ schnell verändern. Der Aufstieg Japans und vor allem die Entwicklung der Telekommunikationsgeräteindustrie in Korea, Singapur, Hongkong und Taiwan verdeutlichen dies.

Die Telekommunikationsgeräteindustrie war den Mechanismen des freien Welthandels durch die monopolistischen Strukturen beim Netzbetrieb und bei den Diensten lange Zeit weitgehend entzogen. Dies hat sich mit der Liberalisierung und internationalen Öffnung der Märkte in den USA, in Europa und auch in Japan geändert. Allerdings treten die Änderungen nicht in allen Segmenten des Marktes, d.h. bei Endgeräten, Vermittlungstechnik und Übertragungstechnik, gleichermaßen auf, und manche Länder haben ihre Märkte schneller geöffnet als andere. Die Trends laufen aber überall in dieselbe Richtung und das Muster der internationalen Arbeitsteilung im Telekommunikationsgerätemarkt normalisiert sich Schritt für Schritt (Neu, Schnöring 1989).

Das Volumen des Welthandels mit Telekommunikationsgeräten ist zwischen 1980 und 1990 im Durchschnitt jährlich um 13% gewachsen. Damit lag das Wachstum des internationalen Handels deutlich höher als die geschätzten Wachstumsraten der weltweiten Produktion. Die Intensität der internationalen

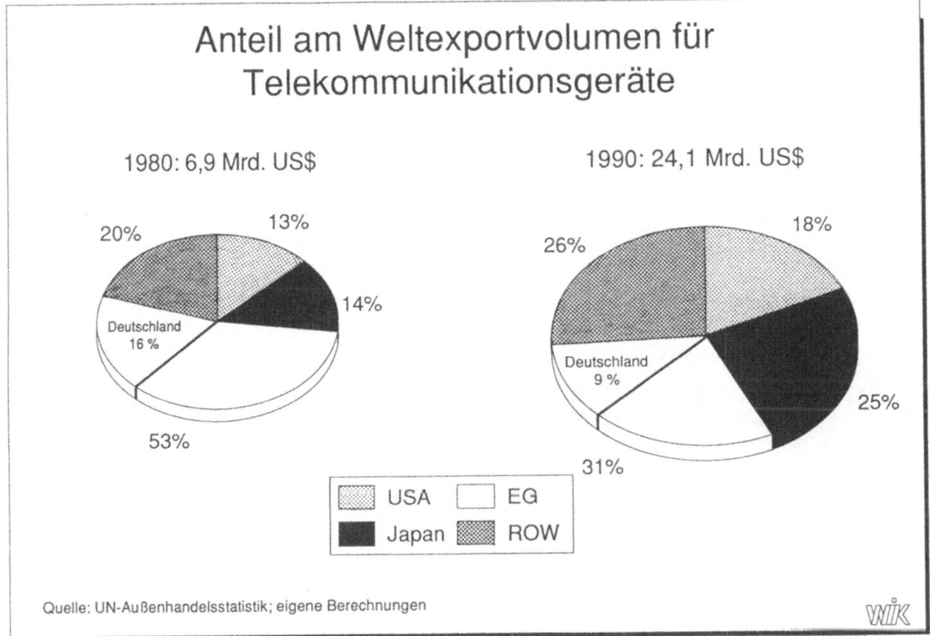

Abb. 4.1. Anteil am Weltexportvolumen für Telekommunikationsgeräte

Arbeitsteilung ist damit deutlich gewachsen. Dieses Wachstum war mit einigen grundlegenden strukturellen Veränderungen verbunden.

Der Handel zwischen den sieben wichtigsten Exportländern von Telekommunikationsgeräten (Japan, USA, Deutschland, Schweden, Großbritannien, Frankreich und Kanada) ist wesentlich schneller gewachsen als der Welthandel insgesamt (20 % p.a. vgl. 13 % p.a.). D.h., es hat sich in verstärktem Maße ein intraindustrieller Handel herausgebildet.

Der Anteil der 12 EG-Länder am Weltexportvolumen ist in diesem Jahrzehnt drastisch, um 22 Prozentpunkte, zurückgegangen, während die USA (+ 5 Prozentpunkte), Japan (+ 11 Prozentpunkte) und alle übrigen Länder (+ 6 Prozentpunkte) deutliche Marktanteilszuwächse realisieren konnten (Abbildung 4.1). Deutschland ist von Platz eins als weltgrößter Exporteur (16 % Marktanteil) mit deutlichem Rückstand zu Japan (24 %) auf den dritten Platz (9 %) zurückgefallen. Die EG-Länder haben damit im weltweiten Wettbewerb um die Standorte der Telekommunikationsindustrie erheblich an Boden verloren, insbesondere Deutschland.

Gleichwohl bleibt die sektorale Handelsbilanz der EG und Deutschlands nach wie vor positiv, während die US-amerikanische Handelsbilanz im Laufe des letzten Jahrzehnts negativ geworden ist. Japan weist eine stark positive Handelsbilanz auf (Abbildung 4.2).

Wachstum und Struktur des Außenhandels sind in erheblichem Maße von der Entwicklung im Markt für Endgeräte bestimmt. Unzulänglichkeiten der interna-

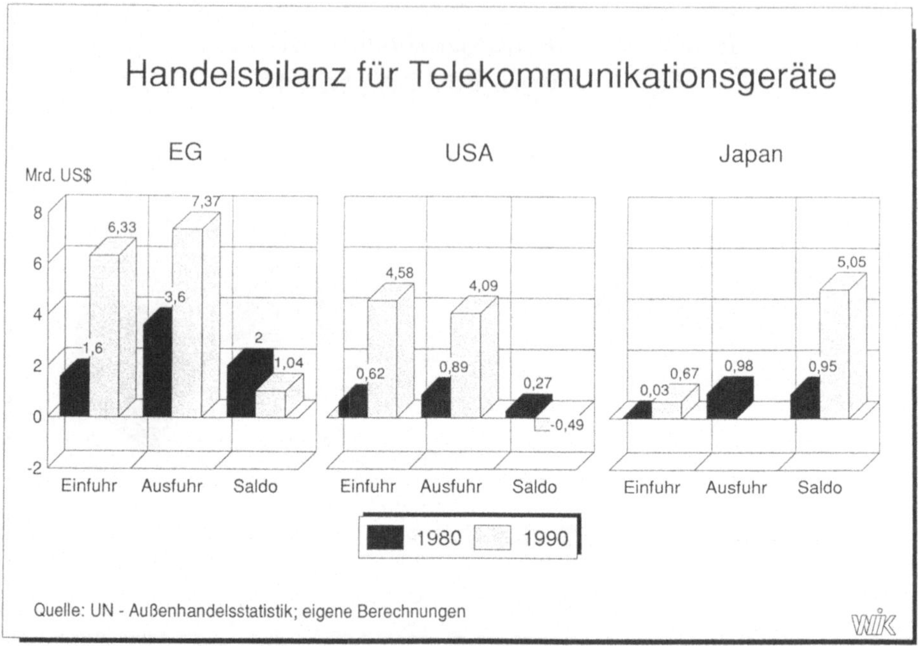

Abb. 4.2. Handelsbilanz für Telekommunikationsgeräte

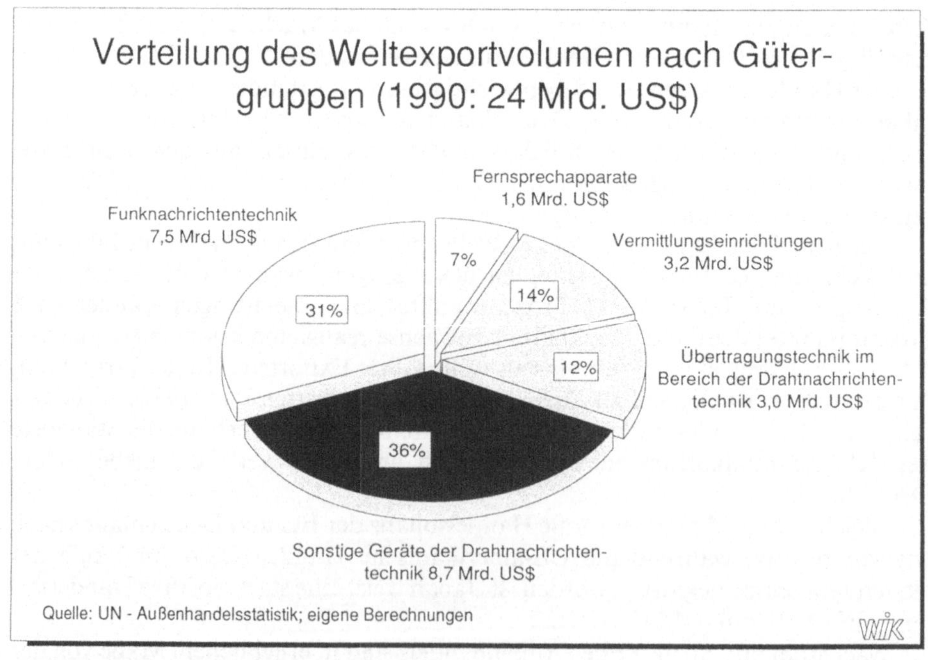

Abb. 4.3. Verteilung des Weltexportvolumen nach Gütergruppen (1990: 24 Mrd. US$)

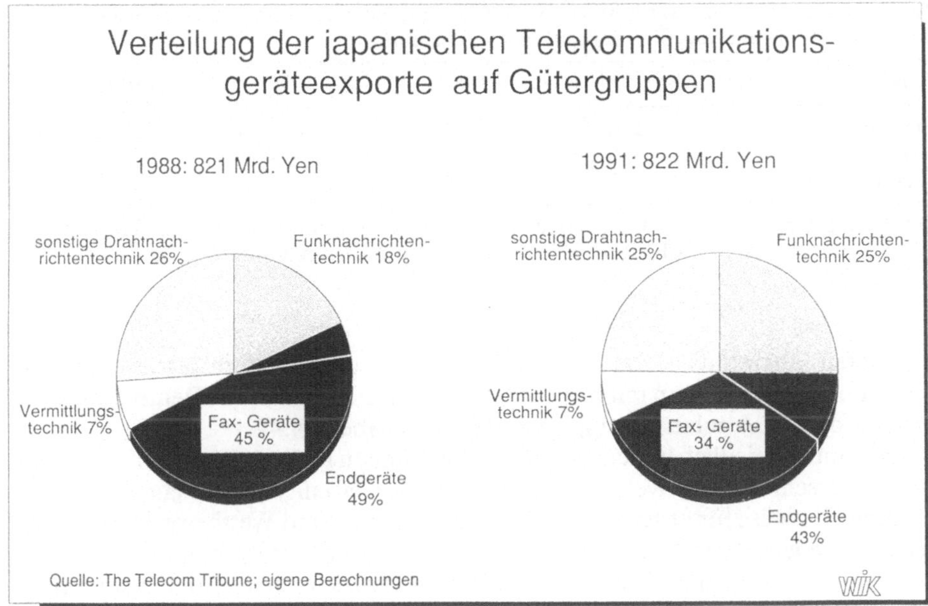

Abb. 4.4. Verteilung der japanischen Telekommunikationsgeräteexporte auf Gütergruppen

tionalen Außenhandelsstatistik lassen diesen Effekt aber nur unzureichend in Erscheinung treten (Abbildung 4.3).

Die japanische Außenhandelsstatistik zeigt, daß die japanischen Exporte zur Hälfte aus Endgeräten der Drahtnachrichtentechnik bestehen. Der Anteil der Fax-Geräte am Exportvolumen beträgt zwischen 33 % und 45 % (Abbildung 4.4). Japanische Unternehmen kontrollieren gegenwärtig in in- und ausländischen Fertigungsstätten über 90 % der weltweiten Fax-Geräte-Produktion (Harnett 1992). Aber auch die japanischen Exporte wachsen nicht unaufhörlich weiter: Anfang der 90er Jahre waren die Telekommunikationsgeräteexporte des Landes rückläufig.

4.2.3 Importquoten und Marktzutritt

Die Importquoten, d. h. die Marktanteile der Importe an dem jeweiligen nationalen Umsatzvolumen, lassen sich infolge unzureichender Vergleichbarkeit der nationalen Produktionsstatistiken nicht für den gesamten Telekommunikationsbereich und alle interessierenden Länder ermitteln. Man kann allerdings die Importquoten der USA, Japans und Deutschland im Bereich der Drahtnachrichtentechnik [4] mit hinreichender Verläßlichkeit abbilden und vergleichen. Im Laufe

---

[4] Die Drahtnachrichtentechnik umfaßt u. a. die Vermittlungstechnik, drahtgebundene Übertragungstechnik und drahtgebundene Endgeräte.

Tabelle 4.4 Marktanteil der Importe bei leitergebundener Telekommunikationstechnik für die USA, Japan und die Bundesrepublik Deutschland

Land	1981	1985	1990	1991
Deutschland	5%	6%	20%	25%
USA	4%	12%	26%	27%
Japan	2%	3%	6%	6%

Quelle: US Department of Commerce, US Industrial Outlook versch. Jg.: The Telecom Tribune, versch. Jg.; ZVEI-Statistik, versch. Jg.; eigene Berechnungen

des letzten Jahrzehnts ist die Importquote in allen drei Ländern gestiegen. Wobei die Importquote in Japan mit bisher 6%, im Vergleich zu 25% in Deutschland und 27% in den USA relativ gering geblieben ist (Tabelle 4.4).

Die unterschiedlich hohen Importquoten können im Prinzip sowohl Ausdruck einer unterschiedlichen Wettbewerbsfähigkeit der jeweiligen nationalen Industrie, als auch Hinweise für unterschiedliche Marktzutritts- und Wettbewerbsbedingungen auf den jeweiligen Märkten sein. Man muß bei der Interpretation der Zahlen auch berücksichtigen, daß die Strukturen des internationalen Handels wesentlich von den Endgeräten bestimmt werden und daß die japanische Industrie gerade in diesem Marktsegment besonders leistungsfähig ist.

Die Frage der unterschiedlichen Marktzutritts- und Wettbewerbsbedingungen ist seit langem Gegenstand außenhandelspolitischer Auseinandersetzungen zwischen der EG, den USA und Japan, wobei zunächst vor allem die USA Mitte der 80er Jahre auf eine Öffnung der japanischen und europäischen Märkte gedrängt haben. Inzwischen wird das Thema der vergleichbaren Marktzutritts- und Wettbewerbsbedingungen für die Gerätehersteller im Zuge der Binnenmarktpolitik auch von der EG-Kommission verstärkt aufgegriffen. Dabei geht die EG-Kommission davon aus, daß die europäische Industrie in den USA, aber vor allem in Japan erheblich ungünstigere Marktzutritts- und Wettbewerbsbedingungen hat als umgekehrt (Kommission der Europäischen Gemeinschaften 1992). Angesichts der Importquoten der USA und der Bundesrepublik Deutschland (Tabelle 4.4) einerseits und der Marktanteile der großen europäischen Hersteller in den USA bzw. der großen amerikanischen Hersteller in Europa andererseits (Abbildung 4.5) kommen aber Zweifel auf, ob diese These mit Blick auf den US-Markt zutrifft.

Bezogen auf Japan erscheint die These angesichts der niedrigeren Importquoten und der bisher nur vereinzelt erfolgreichen Marktzutrittsbemühungen amerikanischer und europäischer Hersteller auf dem japanischen Markt hingegen nach wie vor zutreffend. Aber auch im Falle Japans ist nicht zu übersehen, daß die Importe in den letzten Jahren zweistellige Zuwachsraten aufweisen und daß sich die Importe während der letzten sechs Jahre wertmäßig vervierfacht haben. Ob diese Entwicklung uneingeschränkt als Zeichen für eine Öffnung des japanischen Marktes angesehen werden kann, muß derzeit aber noch bezweifelt werden. In den Zahlen spiegelt sich auch der massive außenhandelspolitische Druck der USA wider (Abbildung 4.6). Motorola, AT&T und Northern Telecom haben in Japan in einigen Marktsegmenten einen Marktzutritt erreicht. Ericsson hat im Bereich

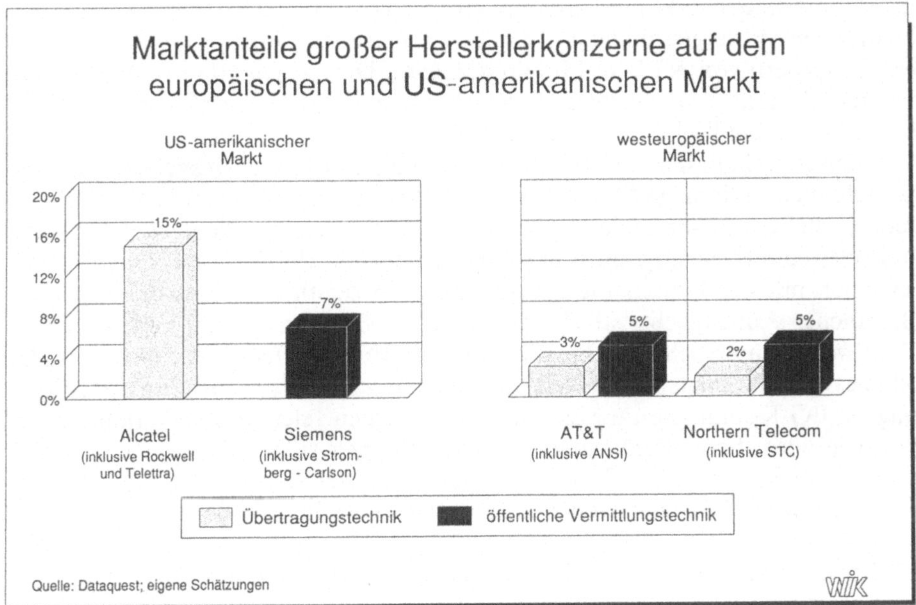

Abb. 4.5. Marktanteile großer Herstellerkonzerne auf dem europäischen und us-amerikanischen Markt

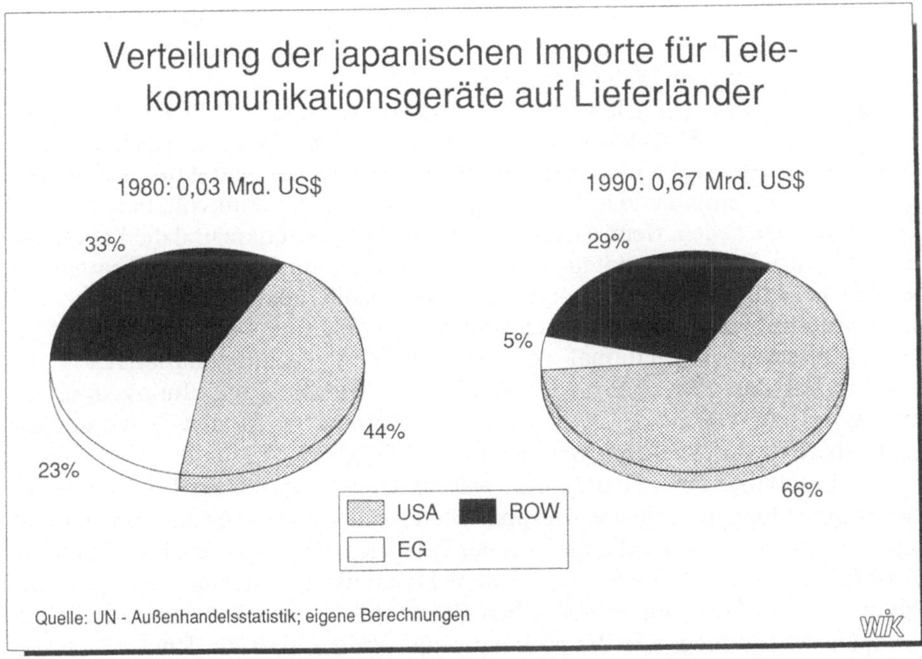

Abb. 4.6. Verteilung der japanischen Importe für Telekommunikationsgeräte auf Lieferländer

der Mobilfunktechnik mit Toshiba ein Gemeinschaftsunternehmen für den japanischen Markt gegründet und hat inzwischen erste Aufträge von den privaten Wettbewerbern von NTT im Mobilfunkmarkt. Dies ist ein Hinweis darauf, daß die Liberalisierung der Netzbetreibermärkte auch in Japan Marktzutrittsmöglichkeiten für ausländische Hersteller eröffnet.

Auch innerhalb der Europäischen Gemeinschaft gibt es ausgehend von den gewachsenen nationalen Strukturen der Arbeitsteilung zwischen Netzbetreibern und Herstellern (insbesondere im FuE-Bereich) unterschiedliche Marktzutritts- und Wettbewerbsbedingungen (Grupp, Schnöring 1991). Diese Unterschiede gewinnen mit der Umsetzung der Kommissionsrichtlinie für Ausschreibungen öffentlicher Auftraggeber ab Anfang 1993 an Bedeutung und sollten deshalb zügig weiter untersucht und beseitigt werden. Für die Herstellerindustrie in der Bundesrepublik Deutschland ist dieser Aspekt besonders wichtig. In der Mitteilung der EG-Kommission zur Lage der europäischen Telekommunikationsgeräteindustrie wird dieser Punkt erstmals angesprochen (Kommission der Europäischen Gemeinschaften 1992, S. 32). Man darf deshalb hoffen, daß die Kommission in nächster Zeit entsprechende Initiativen entfalten wird.

4.3 Europas FuE-Aktivitäten im Vergleich zu Japan und den USA

FuE-Aktivitäten sind ein wichtiger Bestimmungsfaktor für die Wettbewerbsfähigkeit von Unternehmen und von Ländern/Standorten. Dies gilt angesichts des Umfangs der FuE-Aktivitäten auch und gerade für den Telekommunikationsbereich. Die nationalen FuE-Systeme der europäischen Länder und ihrer Konkurrenten in den USA und Japan unterscheiden sich, bedingt durch die unterschiedliche Struktur des Telekommunikationssektors in der Vergangenheit heute noch ganz erheblich (Grupp, Schnöring 1991).

Patentanmeldungen gelten in der Innovationsforschung (neben anderen) als ein Indikator für FuE-Aktivitäten und FuE-Erfolg. Sie können als Frühindikator für Veränderungen auf Gütermärkten interpretiert werden, und Patentanmeldungen sind relativ zeitnah und leicht verfügbar. Insoweit ist es sinnvoll, Patentanalysen mit heranzuziehen, wenn es darum geht, die Schwerpunkte und die Leistungsfähigkeit der FuE-Aktivitäten von Unternehmen und Volkswirtschaften zu beurteilen. Man sollte Patentanalysen aber nicht isoliert betrachten, sondern muß sie im Zusammenhang mit anderen Indikatoren interpretieren. Anknüpfend an eine umfassende international vergleichende Untersuchung nationaler FuE-Systeme hat das Fraunhofer-Institut für Systemtechnik und Innovationsforschung (ISI) im Auftrag der WIK eine neue Patentanalyse für den Telekommunikationsbereich durchgeführt (Schmoch u. a. 1992).

Die Ergebnisse der Patentanalyse belegen einen wachsenden Rückstand der Patentanmeldungen der großen europäischen Länder verglichen zu den USA und Japan. Besonders augenfällig und aus der Perspektive Europas als FuE-Standort besorgniserregend, ist die erheblich größere Dynamik der Patentanmeldungen aus Japan und den USA am europäischen Patentamt (EPA), dem Heimmarkt der Europäer (Abbildung 4.7). Es ist davon auszugehen, daß die Rückstände der europäischen Länder am amerikanischen oder japanischen Patentamt noch wesentlich ausgeprägter sind.

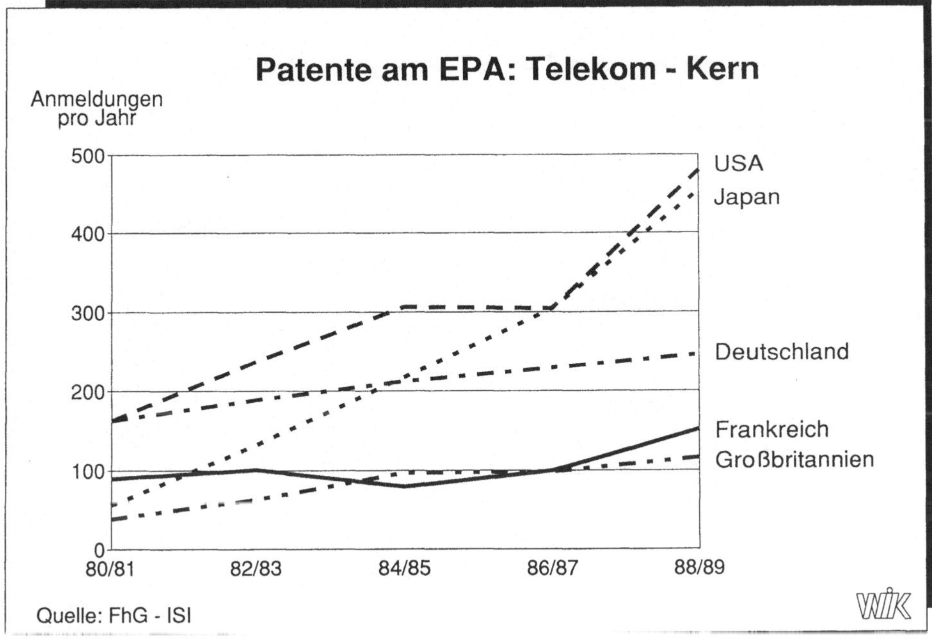

Abb. 4.7. Patente am EPA: Telekom – Kern

Die Ergebnisse für den Kernbereich der Telekommunikation unterscheiden sich nicht grundsätzlich von denen für das weitere Umfeld der Telekommunikation, wenngleich die relative Stärke der japanischen FuE-Aktivitäten im Telekom-Umfeld noch etwas ausgeprägter ist (Abbildung 4.8). Bei Patenten im Kernbereich kann man relativ sicher davon ausgehen, daß sie auf einen Einsatz im Telekommunikationsbereich abzielen, während dies bei den Anmeldungen im Umfeld a priori weniger klar ist.

Aus anderen Untersuchungen ist zudem bekannt, daß japanische Unternehmen ihre Erfindungen schwerpunktmäßig auf dem amerikanischen Markt anmelden und weniger auf dem europäischen Markt. Insofern muß man davon ausgehen, daß die Patentanmeldungen am EPA, die der Untersuchung des ISI zugrunde liegen, die technologische Stärke Japans nur unzureichend widerspiegeln.

Besonders augenfällig ist die Innovationsschwäche der europäischen Länder und der USA im Vergleich zu Japan im Bereich der Telekommunikationsendgeräte. Patentanalysen zeigen, daß IBM und Siemens zu Beginn der 80er Jahre eine führende Stellung bei Patentanmeldungen im Faksimile-Bereich inne hatten und daß sie diese bis zum Ende der 80er Jahre eindeutig an japanische Büromaschinenhersteller wie Canon und Sharp abgeben mußten. Für den gesamten Bereich der Endgerätetechnik weisen die Patentanmeldungen auf eine überaus große Innovationsdynamik Japans und auf einen wachsenden Rückstand der großen europäischen Länder hin (Abbildung 4.9). Dies Ergebnis bestätigt die Einschätzung der EG Kommission von der Schwäche der europäischen Industrie im Endgerätebe-

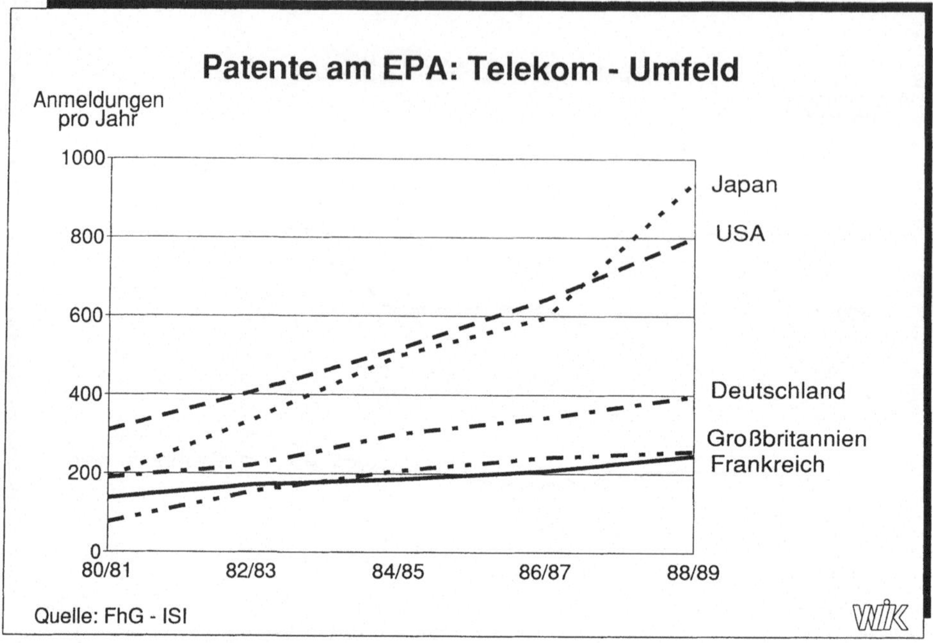

Abb. 4.8. Patente am EPA: Telekom – Umfeld

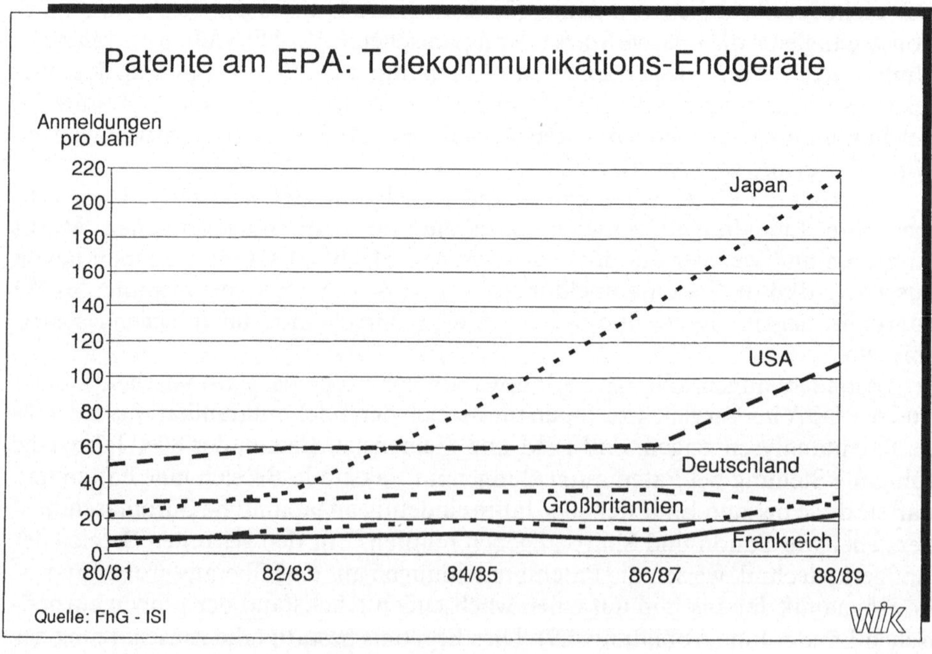

Abb. 4.9. Patente am EPA: Telekommunikations-Endgeräte

reich (Kommission der Europäischen Gemeinschaften 1992) und ist besonders deshalb problematisch, weil für den Bereich der Endgeräte allgemein überdurchschnittliche Wachstumsraten vorhergesagt werden.

Auch wenn Patentanmeldungen nur ein Indikator von mehreren für die technologische Stärke von Unternehmen und Volkswirtschaften sind und auch wenn zu Erfolgen auf Märkten für komplexe Systemtechnik mehr erforderlich ist als technologische Stärke, dann sollten die Ergebnisse dieser Patentanalyse doch Anlaß dazu geben, sich über die Wettbewerbsfähigkeit des FuE-Standortes Europa und des Produktionsstandortes Europa im Telekommunikationsbereich weiterhin ernsthaft Gedanken zu machen. Im Zuge der weiteren Öffnung der Märkte wird die gegenwärtig noch gute Wettbewerbsposition der europäischen Telekommunikationsgeräteindustrie stärker als in Vergangenheit vom Umfang und von der Effizienz ihrer FuE-Aktivitäten abhängen.

Schlußfolgerungen

Die Entwicklungstrends auf den Telekommunikationsmärkten zeigen weltweit in Richtung auf Liberalisierung und Internationalisierung, auch wenn die Transformation von den weitgehend geschlossenen, monopolistisch strukturierten nationalen Telekommunikationsmärkten zu offenen, wettbewerblich internationalen Telekommunikationsmärkten nach einem Jahrzehnt der Deregulierung noch keineswegs abgeschlossen ist. Welche Strukturen sich dabei mittel- und langfristig herausbilden werden, welche Länder und Unternehmen mehr und welche weniger an den Zuwächsen des schnell wachsenden globalen Telekommunikationsmarktes partizipieren werden, das läßt sich gegenwärtig noch schwer ablesen.

Der Trend zur Liberalisierung und Internationalisierung hat in vielen Ländern inzwischen die Ebenen der Netzbetreiber und Diensteanbieter erreicht. Die stärksten strukturellen Veränderungen sind gegenwärtig im Bereich des schnell wachsenden zellularen Mobilfunks zu beobachten.

Alle großen Telefongesellschaften bemühen sich zur Zeit intensiv um eine Internationalisierung ihrer Aktivitäten. Klare Strategien hinsichtlich des regionalen und sektoralen Fokusses der internationalen Expansion lassen sich dabei bisher nicht immer erkennen. Hinsichtlich der organisatorischen Form der Internationalisierung experimentieren die PTOs mit Tochtergesellschaften, Beteiligungen, Joint-Ventures und strategischen Allianzen. Richtungswechsel sind an der Tagesordnung, und es ist zu erwarten, daß dieser Zustand noch einige Jahre andauern wird. Die Erfahrung aus anderen Wirtschaftssektoren zeigt, daß Auslandsmärkte nicht von heute auf morgen erfolgreich erschlossen werden können.

Die nationale Regulierung beeinflußt die internationale Expansion der PTOs in erheblichem Umfang, indem sie die unternehmerischen Expansionsmöglichkeiten der PTOs auf den Heimmärkten beschränkt, ihre Auslandsaktivitäten reguliert und Marktzutrittsmöglichkeiten im Inland schafft. Auf diesem Feld gibt es zwischen den Industriestaaten erhebliche Asymmetrien, die die Internationalisierung der Telefongesellschaften prägen und den Wettbewerb zwischen ihnen verzerren können. Die Regulierungspolitik der europäischen Länder und die

Kommission der Europäischen Gemeinschaften sollten sich diesem Problem im Interesse einer optimalen Entwicklung der europäischen Telekommunikationsmärkte und im Interesse der Sicherung von vergleichbaren Expansionsmöglichkeiten für die europäischen PTOs in den nächsten Jahren verstärkt widmen.

Die Analyse der Trends der letzten zehn Jahre zeigt, daß die Liberalisierung der Netzbetreiber- und Dienstemärkte auf der einen und der Telekommunikationsgerätemärkte auf der anderen Seite in einem engen Zusammenhang stehen – ein Zusammenhang der von der Politik noch häufig übersehen wird. Die Telekommunikationspolitiker treiben die Liberalisierung der Märkte voran und die Technologie- und Industriepolitiker gehen nach wie vor davon aus, daß die PTOs wie früher zur Finanzierung von Innovationsstrategien aus Monopolrenten eingesetzt werden können. Beide Politiken stehen aber in einem Widerspruch zueinander. Je erfolgreicher die Liberalisierung der Märkte vorangetrieben wird, desto weniger können die Telefongesellschaften Träger staatlicher Technologie- und Industriepolitik sein – zumindest nicht in der Form wie dies in der Vergangenheit der Fall gewesen ist.

Mittel- und langfristig werden sich im Telekommunikationssektor offene und wettbewerbliche Märkte durchsetzen. Dies zeigen zum einen die Entwicklungstrends der letzten 10 Jahre, und es ist zum anderen volkswirtschaftlich wünschenswert, weil offene Wettbewerbsmärkte mittel- und langfristig zu den gesamtwirtschaftlich besten Ergebnissen führen. Deshalb sollten sich alle für die weitere Entwicklung des europäischen Telekommunikationssektors relevanten Akteure, d. h. vor allem die Politik, die PTOs und die etablierten Hersteller, rechtzeitig auf die zukünftigen Strukturen einstellen und nicht zu lange an mittelfristig ohnehin nicht mehr haltbaren überkommenen Strukturen festhalten. Eine verzögerte Anpassung an neue Randbedingungen ist mit höheren Kosten verbunden und ein Rückstand im internationalen Wettbewerb möglicherweise nicht mehr aufholbar.

Literatur

Dowling MJ (1988) Strategic Investments in Innovation: The Telecommunications Equipment Industry 1975–1986, University of Texas, Austin
Dickson M (1992) AT&T plugs into a new market. In: Financial Times 5.11.1992
Fin-Tech – Mobile Communications (1991) 82/8, 4.7.91
Fin Tech – Mobile Communications (1992) 9/92
Giersch H (1992) Das Prinzip Offenheit. In: Wirtschaftswoche Nr. 38
Granstrand O, Johansson O (1992) Internationalization of Telcos – An Analysis of Behavior and Strategics, Paper presented at the 7th Conference on European Communications Policy Research, October 21–23, Sorö Storko, Denmark
Grupp H, Schnöring Th (Hrsg) (1991) Forschung und Entwicklung für die Telekommunikation – Internationaler Vergleich mit zehn Ländern, Bd. I und II, Springer-Verlag, Heidelberg
Hagedoorn J (1991) Changing Patterns of Inter-Firm Strategic Technology Alliances in Information Technologies and Telecommunications. In: Wissenschaftliches Institut für Kommunikationsdienste (Hrsg), Diskussionsbeiträge Nr. 72, Bad Honnef
Harnett J (1992) Japan leads the Way, The Fax Phenomenon. In: Financial Times vom 15.10.1992
Hein W (1991) Investing in the US Telecom Market. In: Telecommunications, May 1991, S. 71 f

Honery M (1991) Le paysage industriel: nouveaux equilibres entre les geants et les outres constructeurs, Vortrag auf der 13th International Conference, Industrial dynamics, Innovation policies, New markets des IDATE, Montepellier
Kommission der Europäischen Gemeinschaften (1992) Mitteilung der Kommission. Die europäische Telekommunikationsgeräte-Industrie – Situation, Chancen und Risiken, Aktionsvorschläge, Brüssel
Kommission der Europäischen Gemeinschaften (Hrsg) (1992) RACE'92, Brüssel
Little, Arthur D (1991) Telecommunications, Issues and Options 1992, 2010, Berkeley
Neu W, Schnöring Th (1989) The telecommunications equipment industry. Recent changes in its international trade pattern. In: Telecommunications Policy Vol. 13, N. 1, S. 25–39
Newmann M (1992) Momentum remains strong, Privatisation Programm. In: Financial Times 15.10.1992
Pierer H v. (1992) Die innovative Dynamik des Wettbewerbs als unternehmerische Führungschance, Vortrag auf dem 46. Deutschen Betriebswirtschafter-Tag, Berlin
Porter ME (1991) Nationale Wettbewerbsvorteile, München
Schnöring Th (1991) Die nationalen Forschungs- und Entwicklungssysteme in Europa: Ein Problem bei der Öffnung der öffentlichen Beschaffungsmärkte in der Telekommunikation, Online '91 Konferenz, 4–8.2.1991, Hamburg
Sweeny T, Laws M (1991) Balance not easy for AT&T units. In: Communicationsweek International, 16 December
Tel-Com, DV + Orga Brief (1992), 8–9/92, S. 1.

Europäisches Wettbewerbsrecht und Telekommunikation

C. D. Ehlermann

Da ich am Anfang des 2. Tages dieser Konferenz spreche, gehe ich davon aus, daß Sie bereits eingehend über die jüngste Initiative der Kommission, nämlich den berühmten Bericht über die Lage der Telekommunikationsdienste 1992 gesprochen haben. Ich werde mich daher nicht speziell auf diesen Bericht konzentrieren. Stattdessen möcht ich Ihnen (dem mir von Professor Witte gegebenen Auftrag entsprechend) einen Überblick über die Anwendung des gemeinschaftlichen Wettbewerbsrechts im Telekommunikationsbereich geben. Ich werde meinen Vortrag in drei Teile gliedern:

1. In einem ersten Teil werde ich die Bedeutung der gemeinschaftlichen Wettbewerbsregeln auf den Telekommunikationsbereich ganz allgemein untersuchen.
2. Danach möchte ich den Beitrag skizzieren, den das EG-Wettbewerbsrecht schon bisher zur Entwicklung der Telekommunikationswirtschaft geleistet hat.
3. Schließlich werde ich der Frage nachgehen, welchen Beitrag das EG-Wettbewerbsrecht in der näheren Zukunft leisten wird.

1 Die Bedeutung des gemeinschaftlichen Wettbewerbsrechts auf den Telekommunikationsbereich im allgemeinen

Die Bedeutung des gemeinschaftlichen Wettbewerbsrechts auf den Telekommunikationsbereich ist enorm. Diese Bedeutung ist wahrscheinlich größer als die irgendeines mitgliedstaatlichen Wettbewerbsrechts. Ursächlich dafür sind m. E. im wesentlichen fünf Gründe.

Erstens: Das EWG-Wettbewerbsrecht kennt keine Bereichsausnahme. Es erfaßt grundsätzlich alle Wirtschaftszweige. Der Telekommunikationssektor wird vollständig von ihm erfaßt.

Zweitens: Das EWG-Wettbewerbsrecht richtet sich an Unternehmen. Der Gerichtshof hat jedoch den Unternehmensbegriff sehr weit gefaßt. Er hat nie daran gezweifelt, daß Telekommunikationsorganisationen unter die gemeinschaftlichen Wettbewerbsregeln fallen – ebenso, wie er nie gezögert hat, Radio- und Fernsehanstalten, die Post oder den Betreiber eines Hafens als Unternehmen im Sinne der Artikel 85 und 86 zu behandeln. Am weitesten ist er bisher in seinem

Urteil zum Vermittlungsmonopol der Bundesanstalt für Arbeit gegangen, in dem es wörtlich heißt:

„Im Rahmen des Wettbewerbsrechts umfaßt der Begriff des Unternehmens jede eine wirtschaftliche Tätigkeit ausübende Einheit, unabhängig von ihrer Rechtsform und der Art ihrer Finanzierung. Die Arbeitsvermittlung stellt eine wirtschaftliche Tätigkeit dar.

Daß die Vermittlungstätigkeit normalerweise öffentlich-rechtlichen Anstalten übertragen ist, spricht nicht gegen die wirtschaftliche Natur dieser Tätigkeit. Die Arbeitsvermittlung ist nicht immer von öffentlichen Einrichtungen betrieben worden und muß nicht notwendig von solchen Einrichtungen betrieben werden. Diese Feststellung gilt insbesondere für die Tätigkeiten zur Ermittlung von Führungskräften der Wirtschaft."

Wo die Grenze zwischen wirtschaftlicher und nichtwirtschaftlicher Tätigkeit zu ziehen ist, d. h. wie weit die Artikel 85 und 86 letztlich reichen, läßt sich in abstracto schwer festlegen. Mir ist dazu bisher nur eine einzige klare Einsicht gekommen: Die Reichweite der Artikel 85 und 86 endet sicher da, wo die öffentliche Verwaltung im Sinne des Artikels 48 Absatz 4 beginnt. Artikel 48 Absatz 4 nimmt bekanntlich die Beschäftigung in der öffentlichen Verwaltung von dem Grundsatz der Freizügigkeit der Arbeitnehmer aus. Dazu gehören nach Ansicht des Gerichtshofes nur solche Stellen, „die eine unmittelbare oder mittelbare Teilnahme an der Ausübung hoheitlicher Befugnisse und an der Wahrung solcher Aufgaben mit sich bringen, die auf die Wahrung der allgemeinen Belange des Staates oder anderer öffentlicher Körperschaften gerichtet sind".

Drittens: Das EWG-Wettbewerbsrecht richtet sich nicht nur an Unternehmen. Es ist auch von den Mitgliedstaaten in ihrer Tätigkeit als Gesetzgeber und als Verwaltung zu beachten.

Das ergibt sich für das Verhältnis der Mitgliedstaaten zu öffentlichen Unternehmen und Unternehmen, denen besondere oder ausschließliche Rechte gewährt worden sind, eindeutig aus Artikel 90 Absatz 1, nach dem die Mitgliedstaaten in bezug auf derartige Unternehmen „keine diesem Vertrag und insbesondere dessen Artikeln 7 und 85 bis 94 widersprechende Maßnahmen treffen oder beibehalten". Darüber hinaus hat der Gerichtshof aus Artikel 5 Absatz 2 in Verbindung mit Artikel 3f ganz allgemein abgeleitet, daß die Mitgliedsstaaten grundsätzlich keine Maßnahmen ergreifen oder beibehalten dürfen, die den Artikeln 85 und 86 ihre Wirksamkeit nehmen könnten. Die Mitgliedstaaten dürfen daher auch für andere als die in Artikel 90 genannten Unternehmen weder verbotene Kartelle vorschreiben oder begünstigen, die Auswirkungen derartiger Kartelle verstärken, noch das mißbräuchliche Verhalten marktbeherrschender Unternehmen fördern.

Viertens: Das EG-Wettbewerbsrecht hat bekanntlich Direktwirkung, und zwar Direktwirkung in ihrer stärksten Ausprägung. D. h., daß EG-Wettbewerbsrecht von jedermann gegenüber jedermann angerufen werden kann, nicht nur gegenüber Mitgliedstaaten, sondern auch – und ganz besonders – gegenüber anderen Unternehmen. Direkt wirkendes gemeinschaftliches Wettbewerbsrecht ist von jedem Richter – auch Schiedsrichter – zu beachten. Es ist im übrigen – wie alles direkt wirkende Gemeinschaftsrecht – mit dem absoluten Vorrang gegenüber nationalem Recht jeder Art und jeden Ranges ausgestattet.

Besonders wichtig ist in diesem Zusammenhang Artikel 85 Absatz 2, nach dem die in Artikel 85 Absatz 1 verbotenen Vereinbarungen nichtig sind. Nichtig sind auch Vereinbarungen, die einen Mißbrauch einer marktbeherrschenden Stellung nach Artikel 86 darstellen. Die Nichtigkeit nach Artikel 85 Absatz 1 – nicht dagegen die nach Artikel 86 – kann durch eine Freistellung nach Artikel 85 Absatz 3 abgewendet werden. Eine Freistellung nach Artikel 85 Absatz 3 kann nur von der Kommission auf Antrag der beteiligten Unternehmen gewährt werden. Das gilt m. E. auch, soweit die Ausnahme des Artikel 90 Absatz 2 anwendbar ist. Artikel 90 Absatz 2 erweitert für die von ihm erfaßten Funktionen die Anwendungsmöglichkeiten des Artikel 85 Absatz 3. Er dispensiert aber nicht von der Einhaltung der Verfahrensvorschriften, die von der Verordnung Nr. 17/62 für die Freistellung vorgeschrieben sind.

Fünftens: Das EG-Wettbewerbsrecht ist eine der wenigen Rechtsmaterien, die zentral durch eine Gemeinschaftsbehörde – die EG-Kommission mit Hilfe ihrer Generaldirektion IV – angewandt wird. In der Gemeinschaft wird es dagegen vermutlich auf lange Zeit keine andere Regelungs- und Aufsichtsbehörde geben, die in ähnlicher Weise unmittelbar gegenüber den Telekommunikationsorganisationen und den mit ihnen konkurrierenden Unternehmen tätig wird. Die Kommission wird das Verhalten der mitgliedstaatlichen Regelungs- und Aufsichtsbehörden mit Hilfe ihrer DG XIII koordinieren. Sie wird aber vermutlich auf absehbare Zeit nicht selbst zur Regelungs- und Aufsichtsbehörde gegenüber den im Telekommunikationsbereich operierenden Unternehmen werden. Auch diese institutionelle Besonderheit unterstreicht die außerordentliche Bedeutung des gemeinschaftlichen Wettbewerbsrechts und seiner Anwender.

2 Der bisherige Beitrag des EG-Wettbewerbsrechts zur Entwicklung des Telekommunikationsbereichs

Das EG-Wettbewerbsrecht hat bisher zur Entwicklung des Telekommunikationsbereichs vor allem in zwei Richtungen beigetragen,

1. gegenüber den *Mitgliedstaaten* durch das Verbot von Ausschließlichkeitsrechten und die Öffnung der Märkte in bezug auf Telekommunikations-Endgeräte und -Dienstleistungen,
2. gegenüber den im Telekommunikationsbereich tätigen *Unternehmen* durch die Anwendung der allgemeinen Wettbewerbsvorschriften.

Ganz grundsätzlich läßt sich sagen, daß kein anderer der sogenannten regulierten Wirtschaftssektoren so stark durch die Anwendung des EG-Wettbewerbsrechts verändert worden ist wie der der Telekommunikation. Der Telekommunikationsbereich ist Avantgarde, nicht Nachhut. Er dient als Vorbild für die Öffnung anderer Gebiete der Daseinsvorsorge wie die Versorgung mit Elektrizität und Gas, die Post, den Verkehr. Vieles, was die Kommission auf diesen Gebieten einzuführen versucht, ist im Bereich der Telekommunikation bereits geltendes

Recht und wird von allen Beteiligten – Mitgliedstaaten, Unternehmen, Konsumenten – mit Erfolg praktiziert.

2.1 Die Richtlinien für Telekommunikations-Endgeräte und -Dienstleistungen von 1988 und 1990

Der bisher bedeutendste Beitrag des EG-Wettbewerbsrechts ist sicherlich die Öffnung der Märkte der Mitgliedstaaten für Telekommunikations-Endgeräte und für bestimmte Telekommunikations-Dienstleistungen durch die beiden Kommissions-Richtlinien vom 16. Mai 1988 und 28. Juni 1990. Beide Richtlinien beruhen auf einigen wenigen Grundsätzen:

1. Besondere und ausschließliche Rechte für Endgeräte und bestimmte Dienstleistungen sind verboten.
2. Der Zugang zum öffentlichen Netz ist sicherzustellen.
3. Grundlegende Anforderungen, d. h. im allgemeinen Interesse liegende Gründe nichtwirtschaftlicher Art (= Sicherheit des Netzbetriebs etc., Aufrechterhaltung der Netzintegrität, Interoperabilität der Dienste und Datenschutz) sind schutzwürdig. Zulassungen dürfen aber nur nach objektiven, nicht diskriminierenden und durchschaubaren Kriterien erteilt werden. Ablehnung von Anträgen muß begründet sein und auf dem Rechtsweg angefochten werden können.
4. Die Überwachung dieser Anforderungen ist einer von den Telekommunikationsorganisationen unabhängigen Stelle zu übertragen (das sogenannte funktionelle „unbundeling").
5. Die von den Mitgliedstaaten zur Umsetzung der Richtlinien getroffenen Regelungen sind der Kommission mitzuteilen und von ihr zu billigen.

Beide Richtlinien müssen selbstverständlich Artikel 90 Absatz 2 Rechnung tragen. Danach gelten für Unternehmen, die mit Dienstleistungen von allgemeinem wirtschaftlichem Interesse betraut sind, die Vorschriften des EWG-Vertrages, insbesondere die Wettbewerbsregeln, soweit die Anwendung dieser Vorschriften nicht die Erfüllung der ihnen übertragenen besonderen Aufgabe rechtlich oder tatsächlich verhindert. Allerdings darf die Entwicklung des Handelsverkehrs nicht in einem Ausmaß beeinträchtigt werden, das dem Interesse der Gemeinschaft zuwiderläuft.

Während die Endgeräterichtlinie Artikel 90 Absatz 2 nicht einmal erwähnt, erkennt die Dienstleistungsrichtlinie ausdrücklich an, daß die Telekommunikationsorganisationen eine solche Aufgabe wahrnehmen. Sie besteht in der Errichtung und dem Betrieb eines flächendeckenden Netzes, an das alle Anbieter von Dienstleistungen oder Benutzer auf Antrag innerhalb einer zumutbaren Frist angeschlossen werden müssen. Das Monopol für den Sprach-Telefondienst wird vor allem deswegen von dem Verbot der Ausschließlichkeitsrechte ausgenommen, weil andernfalls das finanzielle Gleichgewicht der Telekommunikationsorganisationen gefährdet werden könnte. Allerdings verpflichtet sich die Kommission, die fortbestehenden Ausschließlichkeitsrechte im Jahre 1992 zu überprüfen.

Beide Richtlinien sind allein von der Kommission nach Artikel 90 Absatz 3 erlassen worden. Beide Richtlinien stützen sich auf eine doppelte Begründung.

Der erste Begründungsstrang ergibt sich aus den Grundfreiheiten des EWG-Vertrags. Für die Endgeräterichtlinie ist dies in erster Linie die Freiheit des Warenverkehrs, für die Dienstleistungsrichtlinie die Freiheit des Dienstleistungsverkehrs. Beide Grundfreiheiten verbieten Beschränkungen, die nicht durch grundlegende Anforderungen, d. h. im allgemeinen Interesse liegende Gründe nichtwirtschaftlicher Art, gerechtfertigt sind. Von den Mitgliedstaaten verliehene Monopolrechte in bezug auf Endgeräte und auf (die von der Richtlinie erfaßten) Dienstleistungen mit Ausnahme des Sprach-Telefondienstes sind derartige verbotene Beschränkungen. Sie sind daher aufzuheben.

Der zweite Begründungsstrang ergibt sich aus der Wettbewerbsordnung des EWG-Vertrags. Jede Telekommunikationsorganisation nimmt auf dem Markt ihres Mitgliedstaates wegen ihrer Herrschaft über das öffentliche Telekommunikationsnetz eine marktbeherrschende Stellung ein. Diese marktbeherrschende Stellung wird durch die Verleihung von Ausschließlichkeitsrechten in bezug auf Endgeräte und die von der Richtlinie erfaßten Dienstleistungen verstärkt und führt notwendigerweise zu Mißbräuchen. Dadurch verletzen die Mitgliedstaaten ihre Verpflichtungen aus Artikel 5 Absatz 2 in Verbindung mit Artikel 3 f und aus Artikel 90 Absatz 1.

Beide Richtlinien sind von einigen Mitgliedstaaten vor dem Gerichtshof angegriffen worden. Beide Richtlinien sind vom Gerichtshof im wesentlichen für vertragskonform erklärt worden.

Bemerkenswert ist, daß das Urteil des Gerichtshofes zur Endgeräterichtlinie ausschließlich auf dem ersten Begründungsstrang beruht. Die Endgeräterichtlinie wird allein mit dem Grundsatz der Freiheit des Warenverkehrs begründet. Die Freiheit des Dienstleistungsverkehrs wird ebensowenig herangezogen wie die Wettbewerbsordnung. Das Verbot des Mißbrauchs marktbeherrschender Stellung wird nicht ein einziges Mal erwähnt.

Das Urteil zur Dienstleistungsrichtlinie stützt sich dagegen sowohl auf die Dienstleistungsfreiheit wie auch auf das Verbot des Mißbrauchs einer marktbeherrschenden Stellung. Der Rückgriff auf das Wettbewerbsrecht ist nicht überraschend, wenn man das Zögern des Gerichtshofes berücksichtigt, die Dienstleistungsfreiheit ebenso weit und umfassend zu interpretieren wie die Warenverkehrsfreiheit. Wichtig ist indessen allein das Ergebnis: Ausschließliche Rechte sind nach Artikel 59 ebenso zu beurteilen wie nach Artikel 30 EWG-Vertrag. Sie sind mit der Dienstleistungsfreiheit ebenso wenig zu vereinbaren wie mit der Warenverkehrsfreiheit, es sei denn, sie sind durch grundlegende Anforderungen, d. h. im allgemeinen Interesse liegende Gründe nichtwirtschaftlicher Art gerechtfertigt. Derartige grundlegende Anforderungen werden im Urteil zur Dienstleistungsrichtlinie nicht einmal erwähnt.

Richtlinien müssen bekanntlich von den Mitgliedstaaten in nationales Recht umgesetzt werden. Die Fristen zur Umsetzung der Endgeräterichtlinie sind spätestens seit dem 30. Juni 1990 abgelaufen, diejenigen zur Umsetzung der Dienstleistungsrichtlinie sind zum Teil am 31. Dezember 1990 verstrichen oder laufen am Ende dieses Jahres aus.

Die Endgeräterichtlinie ist in der Zwischenzeit weitgehend in nationales Recht umgesetzt worden. Allerdings gibt es bisher de facto weder in Belgien noch in Griechenland die von der Richtlinie geforderte unabhängige Stelle zur Regelung,

Überwachung und Zulassung von Endgeräten. Gegen Belgien ist deswegen ein Vertragsverletzungsverfahren vor dem Gerichtshof anhängig. Außerdem stellt sich die – bisher noch offene – Frage, wie Endgeräte des Typs X-25 zu behandeln sind.

Die Umsetzung der jüngeren Dienstleistungsrichtlinie ist – wie zu erwarten – problematischer. Für die seit dem 1. Januar 1991 liberalisierten Dienstleistungen bestehen unter anderem Auslegungsdivergenzen mit dem Bundespostministerium. Meine Generaldirektion ist der Überzeugung, daß das nach wie vor zulässige Sprach-Telefon-Monopol vom Bundespostministerium zu weit definiert worden ist. Es darf nach unserer Meinung nicht die Vermittlung von Sprache innerhalb beschriebener Benutzergruppen oder zwischen Unternehmen eines Konzerns einschließen. Es darf sich auch nicht auf den Bild-Telefondienst erstrecken, da sich dieser vom normalen Sprach-Telefondienst aus der Sicht der Nachfrager wesentlich unterscheidet. Beide Dienstleistungen sind daher für den Wettbewerb zu öffnen.

Noch mehr Umsetzungsschwierigkeiten gibt es – allerdings in anderen Mitgliedstaaten – im Bereich der kabel- oder leitungsvermittelten Datendienste, für die der Kommission bis zum 30. Juni 1992 alle Entwürfe von Anmelde- und Genehmigungsverfahren vorzulegen waren. Darauf kann an dieser Stelle jedoch nicht näher eingegangen werden.

Nur so viel möchte ich grundsätzlich zur Umsetzungsproblematik sagen: Die richtige Umsetzung beider Richtlinien ist für meine Generaldirektion eine ihrer höchsten Prioritäten. Die Richtlinien stellen den Sockel dar, auf dem eine weitere Marktöffnung aufbauen wird. Es ist daher dringend notwendig, daß beide Richtlinien korrekt in nationales Recht transponiert werden. Soweit dies – trotz abgelaufener Umsetzungsfristen – bis zum 15. Dezember nicht geschehen sein sollte, wird Sir Leon Brittan der Kommission die förmliche Einleitung von Vertragsverletzungsverfahren vorschlagen.

2.2 Die Anwendung der allgemeinen Wettbewerbsvorschriften auf im Telekommunikationsbereich tätige Unternehmen

Die Anwendung der allgemeinen Wettbewerbsvorschriften auf Unternehmen im Telekommunikationsbereich, insbesondere auf Telekommunikationsorganisationen, ist relativ jung. Sie beginnt mit der berühmten Entscheidung der Kommission aus dem Jahre 1982 im Fall „British Telecom", die drei Jahre später vom Gerichtshof bestätigt worden ist. Ähnlich spektakuläre Verbotsentscheidungen hat es seitdem nicht wieder gegeben. Stattdessen sind eine Reihe von Verstößen gegen das Verbot von Kartellen und den Mißbrauch einer marktbeherrschenden Stellung nach Intervention der Generaldirektion IV ohne förmliche Entscheidung abgestellt worden.

Ich erinnere an:

1. die Aktionen in bezug auf Modems und schnurlose Telefone, die der Endgeräterichtlinie vorausgingen;

2. die erfolgreichen Interventionen gegenüber der belgischen Régie de télégraphes
    et de téléphones (RTT) wegen restriktiver Mietbedingungen und gegenüber der
    spanischen Direccion General de Correos y Telégrafos (DGCI) wegen der
    Weigerung, eine direkte Telexverbindung für Mercury einzurichten;
3. die ebenso erfolgreichen Interventionen bei der Konferenz der Europäischen
    Post- und Fernmeldeverwaltungen (CEPT) und beim Internationalen Beraten-
    den Ausschuß für Telegraphie und Telephonie (CCTT) zu bestimmten Emp-
    fehlungen im Bereich der Tarife, allgemeinen Grundsätzen und besonderen
    Bedingungen für die Vermietung internationaler Telekommunikationsnetze.

Außerdem sind durch Einzelfallentscheidung mehrere Kooperationsvereinba-
rungen vom Kartellverbot freigestellt worden.

Ich denke vor allem an das Negativattest für das Konsortium ECR 900 zur
Entwicklung eines Europäischen Mobilfunksystems, an die Freistellung der
Kooperation zwischen Alcatel und ANT im Satellitenbereich, die Freistellung
des durch Telecom und Motorola gegründeten Gemeinschaftsunternehmens
Eirpage in Irland und an den „comfort letter" der Generaldirektion IV für
Infonet, an dem fünf Telekommunikationsorganisationen aus der Gemeinschaft
(neben einer Reihe nicht-gemeinschaftlicher TO) beteiligt sind.

Abgesehen von dieser Einzelfallpraxis zeichnet sich der Telekommunikationsbereich durch ein Dokument aus, das ihn von allen anderen Wirtschaftszweigen
unterscheidet. Ich denke an die von der Kommission im September 1991
veröffentlichten Leitlinien für die Anwendung der EG-Wettbewerbsregeln im
Telekommunikationsbereich. Derartige Leitlinien gibt es für keinen anderen
ökonomischen Sektor.

Da die Leitlinien jedermann zugänglich sind, ist es nicht sinnvoll, ihren Inhalt
hier zu wiederholen. Nur zwei Aspekte sollen ausdrücklich hervorgehoben
werden.

1. Telekommunikationsorganisationen sind im Bereich ihres Netzes marktbe-
herrschend. Ihr Verhalten unterliegt daher der Mißbrauchskontrolle des Artikels
86. Die Leitlinien zeigen die enorme Bedeutung, die die Mißbrauchskontrolle für
die Telekommunikationsorganisationen hat. Unter dem Gesichtspunkt der
mißbräuchlichen Nutzungsbeschränkungen werden nicht weniger als acht Verhal-
tenstypen beispielhaft aufgezählt, die nach Artikel 86 verboten sind. Sie kennen
diese Beispiele, nämlich:

I)   Ein den dritten Unternehmen durch die TOs auferlegtes Verbot, a) private
       Mietleitungen mittels Concentrator-, Multiplexer- oder anderer Techniken
       mit dem vermittelten öffentlichen Netz zu verbinden und/oder b) private
       Mietleitungen für das Erbringen von Dienstleistungen zu benutzen (soweit
       es sich um Wettbewerbsdienste, also nicht um reservierte Dienste handelt).
II)   Die Verweigerung reservierter Dienstleistungen durch die TOs (insbesonde-
       re in bezug auf Netz und Mietleitungen).
III)   Die Erhebung von Zusatzgebühren oder sonstige Sonderauflagen für
       bestimmte Arten der Nutzung reservierter Dienste.
IV)   Benachteiligung bei Preisen oder Qualität der erbrachten Dienste.
V)   Das Verkoppeln der reservierten Dienste mit der Lieferung von anschlußfä-
       higen oder kompatiblen Endgeräten durch TOs oder andere, insbesondere

durch Ausüben von Zwang oder Druck oder durch Anbieten von an die Lieferung der Geräte gebundenen Sonderpreisen oder sonstigen Sonderbedingungen für den reservierten Dienst.

VI) Das Verknüpfen des reservierten Dienstes mit der Bereitschaft der Benutzer, hinsichtlich der über das Netz abzuwickelnden nichtreservierten Dienste mit dem Anbieter von reservierten Diensten eine Zusammenarbeit einzugehen.

VII) Das Sammeln von Informationen über die Benutzer eines reservierten Dienstes, und insbesondere deren Bedarf für die Zwecke eigener nichtreservierter Dienste anderer Anbieter im Rahmen der Ausführung eines reservierten Dienstes; das sich oder anderen Anbietern Vorbehalten von günstigeren Bedingungen zur Erlangung dieser Informationen.

VIII) Der Zwang, nicht verwendbare reservierte Dienste abzunehmen im Rahmen des Angebots reservierter und/oder nichtreservierter Dienste, wenn die vorhergehenden reservierten Dienste vernünftigerweise von den anderen getrennt werden können. Hinzu kommt das Verbot der Quersubventionierung, bei dem Mittel aus dem sogenannten reservierten (vom Ausschließlichkeitsrecht erfaßten) Bereich kostenlos oder unter ungenügender Kostenerstattung im nicht reservierten (dem Wettbewerb offenstehenden) Sektor eingesetzt werden. Eine solche Quersubventionierung ist im übrigen als Beihilfe anzusehen, wenn sie von einem öffentlichen Unternehmen auf Wunsch des kontrollierenden Mitgliedstaates vorgenommen wird. Als solche ist sie bei der Kommission vor ihrer Gewährung anzumelden. Sie darf nicht ausgezahlt werden, bevor sie nicht von der Kommission genehmigt worden ist. Ist dies dennoch geschehen, so ist sie mit Zinsen zurückzuzahlen.

2. Telekommunikationsorganisationen unterliegen zwar dem Kartellverbot, müssen aber zusammenarbeiten, wenn sie die Kompatibilität von Netz- und Dienstleistungen, „one stop shopping" und „one stop billing" europaweit gewährleisten und damit den Benutzern optimale Dienste anbieten wollen.

Die Leitlinien erinnern ausdrücklich an eines der vom Rat im Jahre 1988 festgelegten Hauptziele der Telekommunikationspolitik der Gemeinschaft, nämlich die „Stimulierung der europäischen Zusammenarbeit auf allen Ebenen, soweit diese mit den Wettbewerbsregeln der Gemeinschaft vereinbar ist, insbesondere im Bereich der Forschung und Entwicklung, um eine starke europäische Präsenz auf den Telekommunikationsmärkten zu schaffen und die volle Beteiligung aller Mitgliedstaaten sicherzustellen". Durch die Aufnahme eines Kapitels über transeuropäische Netze in den Vertrag von Maastricht ist dieses Anliegen sogar noch stärker geworden.

Im Vorwort der Leitlinien heißt es daher mit Recht:

„Unter den gegebenen Wettbewerbsbedingungen im Kommunikationsbereich sollte es den Betreibern von Fernmeldeeinrichtungen erlaubt sein, Kooperationsmechanismen aufzubauen, die notwendig sind, um die öffentlichen Netze (und soweit erforderlich auch die Dienstleistungen) voll miteinander zu verbinden und diesen Verbundbetrieb zu sichern – und sie sollen darin auch gefördert werden, damit die Benutzer in Europa in den Genuß einer größeren Vielfalt besserer und billiger Telekommunikationsdienste kommen."

Die Leitlinien zeigen näher auf, welche Arten von Zusammenarbeit verboten und welche freistellungsfähig sind. Ein ernstes Hindernis ergibt sich dabei aus der marktbeherrschenden Stellung der Telekommunikationsunternehmen im Bereich ihres Netzes. Eine Kooperation, die diese marktbeherrschende Stellung verstärkt, ist im Hinblick auf Artikel 85 Absatz 3 Buchstabe b) nicht genehmigungsfähig, da durch sie „Möglichkeiten eröffnet werden, für einen wesentlichen Teil der betreffenden Waren den Wettbewerb auszuschalten". Die Möglichkeiten zur Zusammenarbeit wachsen daher in dem Maße, in dem staatlich verliehene Ausschließlichkeitsrechte zurückgedrängt werden und wirksamer Wettbewerb an ihre Stelle tritt.

Die Problematik, die Kooperation zwischen marktbeherrschenden Unternehmen zu gestatten, ohne zur Verstärkung der Marktbeherrschung beizutragen, ist übrigens keineswegs auf den Bereich der Telekommunikation beschränkt. Sie ist für alle Bereiche der Daseinsvorsorge typisch, in denen marktbeherrschende Unternehmen in verschiedenen Mitgliedstaaten miteinander zusammenarbeiten wollen, um im innergemeinschaftlichen und im internationalen Wettbewerb besser zu bestehen – denken Sie beispielsweise an den Luftverkehr. Die Überleitung vom de iure bzw. de facto Monopol zu einer Situation wirksamen Wettbewerbs ist eine der schwierigsten Aufgaben der Wettbewerbspolitik.

3 Der zukünftige Beitrag des EG-Wettbewerbsrechts zur Entwicklung des Telekommunikationsbereichs

Der zukünftige Beitrag des gemeinschaftlichen Wettbewerbsrechts zur Entwicklung des Telekommunikationsbereichs wird den Grundsätzen entsprechen und den Richtungen folgen, die die letzten Jahre charakterisieren.

3.1 Die Prüfung des Sprach-Telefon-Monopols

Die Kommission wird an der bisherigen Doppelstrategie, die mit den Stichworten Liberalisierung und Harmonisierung, Wettbewerb und Zusammenarbeit gekennzeichnet ist, vermutlich festhalten. Die Mitteilung der Kommission vom 21. Oktober 1992 „Prüfung der Lage im Bereich der Telekommunikationsdienste (1992)" zeigt den Weg auf, den die Kommission dabei einzuschlagen gedenkt. Die Kommission ist – vorbehaltlich der Ergebnisse der Konsultation aller Beteiligten – davon überzeugt, daß die Marschroute weiter durch mehr Wettbewerb bestimmt sein sollte, ohne die Aufgaben des öffentlichen Dienstes, der Daseinsvorsorge, des universellen Zugangs zu vernünftigen Bedingungen und angemessener Qualität innerhalb der Gemeinschaft zu gefährden. Die Kommission glaubt, daß der Telekommunikationssektor nur auf diese Weise seinen optimalen Beitrag zum Wirtschaftswachstum und zur Kohäsion mit den peripheren, weniger entwickelten Gebieten der Gemeinschaft leisten kann.

Dem EG-Wettbewerbsrecht und den Grundfreiheiten des Binnenmarktes kommt dabei eine entscheidende Bedeutung zu. Rein juristisch gesehen geht es um nichts anderes als die logische Fortsetzung des Prozesses, der mit den Kommissionsrichtlinien von 1988 und 1990 begonnen hat und der vom Gerichtshof in seinen Urteilen vom 19. März 1991 und 17. November 1992 im wesentlichen gebilligt worden ist. Politisch geht es freilich um sehr viel mehr, weil das Herz des Fernmeldemonopols, das ausschließliche Recht zum Betrieb der Sprach-Telefonie, in Frage gestellt ist. Daher auch die große Bedeutung, die der Konsultation aller betreffenden Parteien durch die Kommission zukommt. Diesen Konsultationsprozeß werde ich mit meinem Kollegen Michel Carpentier schon im nächsten Monat beginnen.

In der Mitteilung der Kommission vom 21. Oktober 1992 findet sich im Kapitel „Flankierende Maßnahmen" auch ein Hinweis auf die Liberalisierung des Satellitenverkehrs. Auf der Grundlage des Satelliten-Grünbuchs vom November 1990 und der Ratsentschließung vom Dezember 1991 arbeitet meine Generaldirektion intensiv an dem Entwurf einer Richtlinie, die den Betrieb von Sende- und Empfangsstationen für Fernmelde-Satelliten liberalisiert, die freie Wahl des Raumsegment-Anbieters erlaubt, nichtdiskriminierende Verfahren für getrennte Raumsysteme und einen freieren Zugang zum Raumsegment der internationalen Satelliten-Organisationen gewährleistet. Die erste Konsultation über diesen Richtlinien-Entwurf war für Anfang nächsten Monats vorgesehen, sie wird aber auf den Anfang nächsten Jahres verschoben werden müssen.

3.2 Die Anwendung der allgemeinen Wettbewerbsvorschriften

Die Abschaffung vom Staat verliehener ausschließlicher Rechte ist nur dann wirksam, wenn die Telekommunikationsorganisationen ihren Wettbewerbern faire Marktzugangschancen einräumen und diese nicht diskriminierend behandeln. Meine Generaldirektion wird daher in Zukunft nicht nur darauf zu achten haben, daß die Mitgliedstaaten die beiden Richtlinien aus den Jahren 1988 und 1990 korrekt umsetzen. Sie wird auch dafür sorgen müssen, daß die nunmehr dem Wettbewerb ausgesetzten Telekommunikationsorganisationen ihre marktbeherrschende Stellung nicht mißbrauchen.

Die Generaldirektion IV wird insbesondere Beschwerden nachgehen, die den Telekommunikationsorganisationen Diskriminierungen beim Zugang zum Netz – wie diskriminierende Tarife für Mietleistungen – vorwerfen. Derartige Diskriminierungen scheint es – auf den ersten Blick – in verschiedenen Mitgliedstaaten zu geben. Wir werden im Dialog mit den Betroffenen zu prüfen haben, ob dieser Eindruck richtig ist oder nicht.

Hinzu kommt selbstverständlich unsere Aufgabe, Anmeldungen für Negativatteste und Freistellungen nachzugehen, um die Zusammenarbeit zwischen Unternehmen im Telekommunikationsbereich – soweit rechtlich zulässig – zu ermöglichen. Zur Wünschbarkeit und zu den Grenzen dieser Zusammenarbeit habe ich mich bereits vor ein paar Minuten geäußert.

Schlußbemerkung

Dieser kurze Überblick zeigt die Zahl und die Bedeutung der Aufgaben, die die
Wettbewerbshüter im Bereich der Telekommunikationswirtschaft zu erledigen
haben. Ich würde mich freuen, wenn sie nicht alleine von der Kommission und
ihrer Generaldirektion IV zu bewältigen wären. Dem Subsidiaritätsprinzip
entspräche es, wenn wir uns diese Arbeit mit den nationalen Regelungs- und
Aufsichtsbehörden – also den Telekommunikationsverwaltungen – einerseits und
den nationalen Kartellbehörden andererseits teilen könnten. In Großbritannien
ist dies bereits möglich – jedenfalls habe ich eine solche Arbeitsteilung mit Sir
Bryan Carsberg, dem ehemaligen Chef von OFTEL, vor ein paar Monaten
vereinbart. Ich hoffe sehr, daß dies auch in anderen Teilen der Gemeinschaft,
insbesondere in Deutschland, möglich werden wird. An der Kommission und an
ihrer Generaldirektion IV wird dies nicht scheitern.

Europäische Telekommunikation aus deutscher Sicht

F. Görts

Ich bedanke mich für die freundliche Einladung und die Gelegenheit, anläßlich dieses Kongresses des Münchner Kreises zu Ihnen zu sprechen.

Ich bin insbesondere gern zu Ihnen gekommen, weil zur Zeit das Thema „Europa" in aller Munde ist und eine allgemeine Diskussion über die europäische Gemeinschaft, und hier vor allem über den Vertrag von Maastricht in vollem Gange ist. Die Maastrichter hätten es sich nicht träumen lassen, einmal zum europäischen Sündenbock zu werden, nur weil sie im Dezember 91 die Ehre hatten, den europäischen Rat der 12 Staats- und Regierungschefs als Gast zu haben. Kaum jemand in der breiten Öffentlichkeit diskutierte den Vertrag, als am 07. Februar 1992 in diesem südholländischen Städtchen die Außen- und Finanzminister der 12 EG-Mitgliedsstaaten ihre Unterschrift unter den Vertrag setzten. Der Vertragsabschluß war kein Medienereignis. Erst als die Dänen in einer Volksabstimmung ihre Zustimmung verweigerten war der Startschuß für eine zum Teil gefühlsgeladene öffentliche Diskussion gegeben. Aber wenn man die Maastrichter Verträge diskutieren will, muß man auch die römischen Verträge von 1957 mit einbeziehen. Ohne Wissen von der einheitlichen europäischen Akte ist die beabsichtigte Fortentwicklung des Binnenmarktes nur schwerlich nachzuvollziehen. Der Startschuß zum EG-Binnenmarkt fällt zudem auf denselben Tag, an dem der Vertrag von Maastricht laut Vertragstext in Kraft treten soll. Hiermit wird die europäische Wirtschaftsgemeinschaft u. a. auch auf den Dienstleistungssektor ausgeweitet. Die Telekommunikation ist damit dem europäischen Markt geöffnet und die Harmonisierung der Ordnungspolitik der einzelnen Mitgliedsstaaten steht bevor.

Ich möchte deshalb heute die Gelegenheit nutzen, um aus der Sicht des Ministeriums für Post und Telekommunikation für die europäische Einigung und somit für den Vertrag über die europäische Union – und hier vor allem aus Sicht der Telekommunikation – einzutreten.

Liberalisierung in Deutschland

Mit der Postreform von 1989 wurde der Vertrieb aller Endgeräte und die Bereitstellung aller Telekommunikationsdienstleistungen (ohne den Telefondienst) dem Wettbewerb geöffnet. Damit wurden zwei sehr zukunftsträchtige

Märkte liberalisiert. Die Umsätze für Telekommunikationsendgeräte, die über den freien Handel vertrieben wurden, betrugen im Jahr 1991 rund 380 Millionen DM. Schätzungen des Marktumfangs der Telekommunikationsdienstleistungen, die im Wettbewerb erbracht wurden, bewegen sich für 1991 in der Bandbreite zwischen 0,7 bis 3,7 Milliarden DM.

Mobil- und Satellitenkommunikation

Weitere Bereiche, die seit der Postreform von 1989 dem Wettbewerb geöffnet wurden, sind der Mobil- und Satellitenfunk. Hier hat die Gemeinschaft ihre Ordnungspolitik noch nicht konkret ausformuliert. Durch das Grünbuch Satellitenkommunikation und die Festlegung der Zielsetzung ist dieser Schritt durch den Rat eingeleitet worden. Satellitenkommunikationsdienste sind in der Regel innerhalb eines Landes nicht rentabel einsetzbar. Europa als Ganzes bietet jedoch eine hervorragende Basis für neue innovative Dienste. Europaweite Dienste lassen sich aber nur realisieren, wenn entsprechende regulatorische Rahmenbedingungen den Aufbau und den Betrieb von Satellitenfunkanlagen und deren Verbindungen mit dem öffentlichen Netz zulassen. Vorrangige Aufgabe für 1993 wird es sein, die Zielsetzungen des Grünbuchs Satellitenkommunikation in entsprechende, konkrete Maßnahmen umzusetzen. Deutschland, die Niederlande und England haben sich für eine Liberalisierung entschieden, noch bevor die Gemeinschaft gesetzgeberisch tätig wurde. Der Bundesminister für Post und Telekommunikation hat im Wege der Lizenzerteilung an private Anbieter Ausnahmen von den Monopolen zugelassen. Es wurden schon rund 60 solcher Lizenzen vergeben.

Für die Mobilkommunikation wurde zwar bereits 1990 ein Grünbuch für Ende 91 angekündigt, bis heute liegen aber weder ein Grünbuch noch Entwürfe hierzu vor. Es wäre zwar aus Wettbewerbsgründen wünschenswert, die ordnungspolitischen Rahmenbedingungen in Europa einander anzugleichen, europaweite Dienste im Bereich Mobilkommunikation sind jedoch auch ohne europaweit einheitliche ordnungspolitische Regelungen realisierbar.

So bieten die Deutsche Bundespost Telekom und die Mannesmann Mobilfunk GmbH jeweils Telefondienste über ein digitales zellulares Mobilfunknetz an, die bald über einen gemeinsamen Standard europaweit genutzt werden können.

Diese Liberalisierungsschritte haben erste Erfolge gezeigt. Nach meiner Einschätzung dürften im Zeitraum zwischen 1991 bis 1998 knapp 15 Milliarden DM in diesen beiden Bereichen von privaten Unternehmen investiert werden.

An dieser Stelle seien einige Regulierungsentscheidungen angeführt, die belegen, auf welche Weise das Leitmotiv der Postreform von 1989, das besagt, daß Wettbewerb die Regel und Monopole die zu begründende Ausnahme sein soll, umgesetzt wird:

– Beträchtliche Senkung der Entgelte für die Bereitstellung von Monopoldienstleistungen für Zwecke des digitalen zellularen Mobilfunks und somit deren

Anpassung an das internationale Niveau durch das Tarifgenehmigungsverfahren im Jahre 1991,
– Erlaß von Verwaltungsvorschriften für die DBP TELEKOM am 06.07.90 und am 19.10.90, zur Herstellung des chancengleichen Wettbewerbs auf dem D1/D2 Mobilfunkmarkt,
– Erweiterung der Chancen privater Unternehmen im Satellitenbereich durch Einräumen der Möglichkeit, bis 31.12.97 freizügig Telefondienst mit und in den neuen Bundesländern zu erbringen,
– weitere Verbesserung der geschäftlichen Möglichkeiten im privaten Satellitenfunk. Seit dem 1. Oktober 1992 sind nunmehr alle Sprachanwendungen, die nicht dem Telefondienstmonopol zuzuordnen sind, wie z.B. die dialogfähige innerbetriebliche und die festgeschaltete Punkt-zu-Punkt-Sprachenkommunikation, ohne die bislang vorgeschriebene Einzelgenehmigung zulässig.

Standardisierung

Aufgabe der Telekommunikation ist es, den wachsenden Anforderungen in den Mitgliedsstaaten der Europäischen Gemeinschaft gerecht zu werden und über die Infrastrukturaufgaben hinaus bedarfsgerechte, innovative und im Preis-Leistungs-Verhältnis angemessene Kommunikations- und Informationsmöglichkeiten für Wirtschaft und private Haushalte zu schaffen. Die internationale Entwicklung zeigt, daß monopolistische Strukturen in der Telekommunikationsbranche immer mehr durch wettbewerbsorientierte Strukturen abgelöst werden. Damit wettbewerbsorientierte Strukturen entstehen können, müssen für alle Wettbewerber gleiche und faire Marktzugangsbedingungen geschaffen werden.

Das Ziel der Standardisierung besteht in der Förderung der offenen und weltweiten Kommunikation. Es sind deshalb rechtzeitig, möglichst umfassend geltende, optionsfreie und stabile Standards zu schaffen. Durch Standards sind einheitliche Bedingungen für die Teilnahme am Fernmeldeverkehr zu erreichen, insbesondere für den Zugang zu öffentlichen Netzen. Hierdurch wird die Integration verschiedener Fernmeldeinfrastrukturen, der Aufbau europa- bzw. weltweiter Fernmeldenetze sowie der ungehinderte Austausch von Produkten im europäischen Markt ermöglicht.

Tatsachen wie

– die Anzahl der neu entstehenden Dienste,
– die voranschreitende Digitalisierung der Netze,
– die steigenden Übermittlungsgeschwindigkeiten der Nachrichtenströme,
– die zunehmende Intelligenz der Netze und Dienste sowie
– die Vielfalt der Übertragungsmedien, über die Fernmeldenetze betrieben werden,

machen es erforderlich, die Anforderungen an die Standards qualitativ und quantitativ zu erhöhen. Die Einflußnahme auf den Standardisierungsprozeß wird deshalb von mir als ein wichtiges Instrument der Marktregulierung angesehen.

Mit der Zielsetzung der Europäischen Gemeinschaft, einheitliche technische Vorschriften für die Zulassung (CTR-Common Technical Regulation) im Bereich der Telekommunikation herauszugeben, wurde meines Erachtens eine wichtige Aufgabe hinsichtlich der Harmonisierung in der Ordnungspolitik der Mitgliedsstaaten in Angriff genommen.

Natürlich ist bei den europaweiten Harmonisierungsbestrebungen in der Telekommunikation dafür Sorge zu tragen, daß auch für die Bundesrepublik Deutschland die Erfüllung der Infrastrukturaufgaben entsprechend dem Bedarf gesichert bleibt. Der Wirtschaftsstandort Deutschland verfügt zwar bei entsprechender Beteiligung deutscher Unternehmen und Institutionen über ein großes Standardisierungspotential, meines Erachtens reicht das noch nicht aus, um insbesondere auf innovativen Gebieten, wie z. B.

- intelligente Netze,
- Breitbandkommunikation,
- dritte Generation des Mobilfunks (UMTS) bzw.
- digitaler Rundfunk und Fernsehen,

die Wirksamkeit der deutschen Beiträge im europäischen Standardisierungsprozeß zu erhöhen.

Um dieses Ziel zu unterstützen wurde am 10.11.1992 beim Bundesministerium für Post und Telekommunikation ein Beirat für Standardisierung in der Telekommunikation und für Funkfragen gebildet. Mitglieder dieses Beirates sind deutsche Unternehmen und Institutionen, die sich international aktiv an der Standardisierung beteiligen. Dieser Beirat soll eine Plattform bieten, künftig die erforderlichen Aktivitäten im Bereich der Standardisierung unter deutschen Unternehmen und Institutionen abzustimmen und zu koordinieren.

Das Frequenzmanagement der Bundesrepublik Deutschland

Deutschland liegt im Herzen Europas und ist von neuen – zum größten Teil hochindustrialisierten – Staaten umgeben. All diese Staaten sind eifrige Nutzer des Frequenzspektrums und ein störungsfreier Funkbetrieb kann in dieser Region nur durch ein sehr enges Koordinierungssystem im Gleichgewicht gehalten werden.

In Anbetracht der zentralen Lage Deutschlands in Europa wäre es ganz abwegig, nationale Alleingänge in der Frequenznutzung zu versuchen. Frequenzen enden nicht an politischen Grenzen, sie müssen mit den Nachbarländern koordiniert, d. h. in der Regel fair geteilt werden. Im Extremfall bliebe sonst nur für jeden betroffenen Staat ein Viertel des Spektrums verfügbar. Die Zukunft liegt daher in paneuropäischen Lösungen wie bei den GSM-Netzen oder gar in weltweiten Systemen.

Auf dem Gebiet der Frequenzverwaltung bzw. der Harmonisierung von Frequenznutzungen auf europäischer Ebene arbeiten zur Zeit sowohl die Europäische Konferenz der Post- und Fernmeldeverwaltungen (Conférence Européenne des Administrations des Postes et des Télécommunications, CEPT) als auch die EG, sie gehen dabei in unterschiedlicher Art und Weise vor.

Die EG erstellt Richtlinien, die nach ihrer Verabschiedung durch den Rat für alle Mitgliedsstaaten verbindlich sind.

Bei der CEPT mit gegenwärtig 34 Mitgliedsverwaltungen werden im Bereich der Frequenzverwaltung Arbeitsergebnisse in Form von CEPT/ERC-Entscheidungen, -Empfehlungen und -Berichten veröffentlicht. Die Form der CEPT/ERC-Entscheidungen wurde kürzlich neu eingeführt. Hierbei erklären die Mitgliedsverwaltungen in einer Selbstverpflichtung, daß sie eine bestimmte Entscheidung anwenden bzw. einführen werden. Solche bindenden Beschlüsse im Rahmen der CEPT garantieren der Industrie und den Betreibern die erforderliche Planungssicherheit.

Wir sind der Meinung, daß diese Doppelgleisigkeit bei der Frequenzverwaltung und -zuteilung zugunsten der CEPT aufgegeben werden muß und damit zukünftig Richtlinien der EG im Bereich der Frequenzverwaltung nicht mehr erforderlich sind. Dies würde durchaus in das Subsidiaritätsprinzip passen, wonach die EG-Kommission in allen Bereichen, in denen sie Maßnahmen vorschlägt, darauf achten muß, ob die jeweiligen Ziele nicht auch in ausreichendem Maße durch die Mitgliedsstaaten selbst erreicht werden können oder ob diese aufgrund der Größenordnung bzw. der Auswirkungen der vorgeschlagenen Maßnahmen besser durch die Gemeinschaft realisiert werden sollen. Den Mitgliedsstaaten wird es dadurch weiterhin ermöglicht, ihre eigenen nationalen Politiken auch im Telekommunikationssektor anzuwenden.

Es reicht daher völlig aus, wenn die Verwaltungen ausschließlich im Rahmen der CEPT verbindliche Entscheidungen über zukünftige Nutzungen von Frequenzen für eine optimale Nutzung des Frequenzspektrums annehmen. Die EG müßte sich ohnehin auf Ergebnisse der CEPT abstützen. Dabei können die Interessen der EG entsprechend berücksichtigt werden und sollten auch nicht übersehen werden. Länder, die Mitglied in der CEPT und in der EG sind, sollten dies stets vor Augen haben.

Zulassungen

Lassen Sie mich nun einige Ausführungen zum Thema Zulassung machen. Das Thema Zulassung hat ganz unterschiedliche Aspekte. Wenn man sich dessen nicht bewußt ist, ist die Gefahr groß, aneinander vorbeizureden.

- Für den Wirtschaftspolitiker ist die Zulassung ein potentielles Handelshemmnis.
- Für den Betreiber eines öffentlichen Fernmeldenetzes ist sie Voraussetzung für einen geordneten Betrieb.
- Für die Regulierungsbehörde und insbesondere für das Zulassungsamt ist sie eine ständige Herausforderung, deren Spannungsfeld aus den gerade gemachten Aussagen deutlich wird.

Die Telekommunikation ist ein so bedeutsamer Faktor für Wirtschaft und Gesellschaft, daß dem Staat dieses Feld nicht gleichgültig sein darf. In den letzten

10 bis 20 Jahren ergaben sich weltweit starke Veränderungen der Auffassung über die zweckmäßigste Art der Bereitstellung von Telekommunikationsleistungen. Der Staat soll nach dem Verständnis, das sich in der Strukturreform des Fernmeldewesens in der Bundesrepublik niedergeschlagen hat, dafür sorgen, daß die Grundversorgung mit Telekommunikation sichergestellt ist. Was darüber hinausgeht, soll dem freien Spiel der Marktkräfte überlassen bleiben. Dem Staat obliegt in Form der Regulierung die Marktpflege.

Telekommunikation ist die Übermittlung von Information über Entfernungen hinweg ohne Verwendung eines körperlichen Trägers. Dazu dient ein weltweites komplexes technisches System. Es besteht aus mehreren technischen Komponenten, deren Zusammenwirken aufeinander abgestimmt sein muß. Damit die ordnungspolitischen Intentionen im technischen System, auch entsprechend umgesetzt werden, ist die ordnungspolitische Regulierung durch eine technische Regulierung zu ergänzen.

Die Zulassung ist ein Instrument der technischen Regulierung. Sie ist die Bestätigung, daß die Endeinrichtungen die festgelegten Anforderungen erfüllen. Die Anforderungen werden in den Zulassungsbedingungen festgelegt. Da die Zulassung Instrument der technischen Regulierung ist, kann sie sich mit ihren Anforderungen auch nur in den Grenzen der Regulierung selbst bewegen. Anforderungen, die für das Funktionieren von freien Wettbewerbsleistungen notwendig sind, sind nicht Gegenstand der Zulassung, sondern sie bleiben der Vereinbarung zwischen Leistungsanbieter und Kunden überlassen.

Die EG hat sich nun mit diesem Thema beschäftigt, weil es ja einen freien Warenverkehr innerhalb der Gemeinschaft geben soll. Bereits im Jahre 1986 wurde eine Richtlinie verabschiedet, nach der Prüfungsergebnisse von Endeinrichtungen, die in einem Mitgliedsstaat gewonnen wurden, von den anderen Mitgliedern als Grundlage für die Zulassung anzuerkennen sind. Voraussetzung ist allerdings, daß die Prüfung auf der Basis einer harmonisierten europäischen technischen Vorschrift durchgeführt wurde.

Die Umsetzung der Angleichung der Rechtsvorschriften in den Mitgliedsstaaten über Telekommunikationsendeinrichtungen einschließlich der gegenseitigen Anerkennung ihrer Konformität ist in der Bundesrepublik noch nicht abgeschlossen, aber große Teile sind in den geltenden Vorschriften realisiert.

Die Aktivitäten der EG im Bereich der Endeinrichtungen müssen auch im Zusammenhang mit den Festlegungen im Bereich der EG für neue Netze und Dienste gesehen werden. Als ein Beispiel wäre das ISDN zu nennen. Auf diese Weise wird es im Laufe der Zeit zu einheitlichen Netzen kommen, die natürlich die Voraussetzung für die praktische Anwendung einheitlicher Zulassungsvorschriften sind. Damit wird innerhalb der Gemeinschaft sowohl Einheitlichkeit bei den Netzen wie auch Freizügigkeit bei den Endeinrichtungen erreicht werden.

Es wird jedoch darauf zu achten sein, daß auch auf der Ebene der Gemeinschaft nicht mehr als notwendig reguliert wird. Vereinzelt könnte man glauben, die EG habe auf der nationalen Ebene Deregulierung durchgesetzt, um jetzt auf Gemeinschaftsebene wieder zu regulieren. Die EG-Telekommunikationspolitik ist ein Prozeß, der ständig weiterentwickelt werden muß. Sie kann und darf sich nicht nur innerhalb eines zu einem bestimmten Zeitpunkt festgelegten Rahmens bewegen. Dieser Rahmen muß von Zeit zu Zeit überprüft werden.

Die Überprüfung der Rahmenbedingungen wird sich insbesondere darauf konzentrieren, ob die Beibehaltung ausschließlicher und besonderer Rechte für den Sprach-Telefondienst unter Berücksichtigung der technischen und wirtschaftlichen Entwicklung noch im derzeitigen Umfang gerechtfertigt ist. Die Beibehaltung dieser Rechte war 1990 mit der Sicherstellung der finanziellen Lebensfähigkeit öffentlichen Telekommunikationsunternehmen und der Erfüllung des öffentlichen Dienstleistungsauftrags durch diese Unternehmen begründet worden.

Die Überprüfung der Telekommunikationspolitik wird u. a. im Zusammenhang mit dem Inkrafttreten des Vertrages über die Europäische Union erforderlich. Dies gilt insbesondere im Hinblick auf die Entwicklung des gesamten Telekommunikationssektors der Gemeinschaft. Eine möglichst positive Entwicklung dieses Sektors ist ein wichtiger Faktor für die wirtschaftliche, technologische und industrielle Entwicklung der Europäischen Union.

Bei der Überprüfung der Ergebnisse werden die vollständige Umsetzung des Gemeinschaftsrechts auf nationaler Ebene und die Auswirkungen der bisherigen Politik auf die Nutzer im Vordergrund stehen. Noch sind nicht alle ordnungspolitischen Richtlinien in allen Mitgliedsstaaten umgesetzt worden und selbst dort wo sie umgesetzt worden sind, sind sie nicht überall in vollem Umfang umgesetzt worden.

Auch der Prozeß der Liberalisierung in Deutschland ist noch nicht abgeschlossen. Die Bundesregierung wird künftig eine weitere Liberalisierung der Telekommunikationsmärkte vorantreiben. Dies kommt schon dadurch zum Ausdruck, daß derzeit in Deutschland erhebliche Anstrengungen unternommen werden, die Deutsche Bundespost TELEKOM (und auch den Postdienst und die Postbank) in ein privatrechtlich verfaßtes Unternehmen zu überführen. Bei einem solchen Schritt müssen auch die heute noch bestehenden ausschließlichen Rechte der Deutschen Bundespost TELEKOM überdacht – und zumindest in einem mittelfristigen Zeitraum – in Frage gestellt werden.

Allerdings wird bei solchen Überlegungen die besondere Situation in Deutschland nach der Vereinigung berücksichtigt werden. Im politischen Raum scheint die Position vorherrschend zu sein, daß das Telefondienstmonopol in Deutschland noch für einige Jahre als die wirtschaftliche Grundlage für die Finanzierung des Infrastrukturaufbaus in den neuen Bundesländern betrachtet werden wird.

Auch die Liberalisierung in Deutschland besitzt nicht die Form einer einmaligen Umgestaltung. Eine solche Umgestaltung, die alle notwendigen Liberalisierungsschritte durch einen großen Sprung ersetzen wollte, würde die Gefahr mit sich bringen, die Marktteilnehmer – also die DBP TELEKOM, die privaten Telekommunikationsanbieter und nicht zuletzt die Kunden – zu überfordern. Im übrigen möchte ich auch auf den Artikel 87 des Grundgesetzes hinweisen, der bestimmt, daß die Deutsche Bundespost als bundesunmittelbare Verwaltung zu führen ist, und dessen notwendige Änderung nur durch eine Zweidrittelmehrheit im Deutschen Bundestag und Bundesrat zu erreichen ist. Hinzu kommt, daß es bisher nicht möglich war, die Liberalisierung der Telekommunikationspolitik in Deutschland zu einem herausragenden Anliegen breiter Bevölkerungsschichten zu machen. Die Liberalisierung in diesem Sektor erfordert daher im politischen Raum besondere und langfristig angelegte Anstrengungen.

Lassen Sie mich nun zum Schluß noch einmal deutlich machen, daß Deutschland gleichermaßen von gleichstarken EG-Partnern profitiert. Rings um die europäische Gemeinschaft vollziehen sich rasante, ja revolutionäre Umbrüche. Die Gemeinschaft muß deshalb noch enger Zusammenwachsen, nicht nur ökonomisch, sondern innen- wie außenpolitisch muß sie fortentwickelt werden. In den 35 Jahren ihres Bestehens ist die EG zu einer Wirtschaftsmacht gewachsen. Sie hat der Bevölkerung vor allem in den industriestarken Nationen – wie der Bundesrepublik – einen hohen Lebensstandard gebracht. Die Deutschen waren bei der Gründung der Gemeinschaft das politisch schwächste Glied, das aber mit vollwertiger Mitgliedschaft schon wieder eine anerkannte Rolle auf der politischen Bühne erhielt. Nach der Wiedervereinigung profitierte Deutschland erneut von der Flexibilität der elf EG-Partner, als die neuen Bundesländer in kürzester Zeit aus dem EG-Haushalt 6,15 Milliarden DM zugesprochen bekamen. Wir, das Bundesministerium für Post und Telekommunikation, haben mit dafür zu sorgen, daß ein zukunftssicheres europäisches Informations- und Kommunikationssystem entstehen kann. Wir werden versuchen, mit unserer Regulierungspolitik einen Beitrag dazu zu liefern.

Zum Stand der europäischen Telekommunikations-
politik

K. H. Neumann

Die europäische Telekommunikationspolitik hat in den letzten fünf Jahren große Erfolge zu verzeichnen. Für die Zukunft muß jedoch die Frage der geeigneten Entscheidungs- und Regulierungszentren der europäischen Telekommunikationspolitik gestellt werden. Der Verfasser plädiert für einen Rückzug der Gemeinschaft bei der Beeinflussung nationaler Telekommunikationspolitik und für eine unmittelbare europäische Regulierungskompetenz für europaweite Dienste.

1 Einleitung

An der Schwelle der Vollendung des Binnenmarktes können wir inzwischen auf fünf Jahre aktiver Telekommunikationspolitik in der Europäischen Gemeinschaft zurückblicken. Mit bemerkenswertem Engagement und Weitblick hat eine kleine Gruppe von Beamten in der Kommission diese Politik konzeptionell entwickelt, in den Mitgliedstaaten für die Akzeptanz der Politik geworben und sie in mühsamen Diskussionsprozessen durchgesetzt. Die erstmalige Entwicklung einer europäischen Telekommunikationspolitik hat diesem bedeutsamen Infrastruktursektor die ihm gebotene Aufmerksamkeit in den Mitgliedstaaten gebracht. Die lange Zeit zu stabilen ordnungspolitischen Rahmenbedingungen in diesem Sektor haben sich der technologischen und nachfrageseitigen Dynamik angepaßt und sind dabei, ihren früheren Charakter als Hemmschuh der Marktentwicklung zu verlieren. Die Initiativen auf europäischer Ebene haben an dieser Entwicklung in den Mitgliedstaaten ihren ganz entscheidenden Anteil. Außerhalb der Gemeinschaft zollt man den europäischen Entwicklungen Aufmerksamkeit, Bewunderung, und manchmal ist auch ein Gefühl des Neides nicht zu übersehen. Es gibt demnach gute Gründe, auf das Erreichte mit Befriedigung zu blicken.

Fünf Jahre aktiver europäischer Telekommunikationspolitik geben aber auch Veranlassung, Ziele, Inhalt und institutionelle Umsetzung der europäischen Telekommunikationspolitik kritisch zu reflektieren und zu prüfen, welche Änderungen oder Neuorientierungen notwendig sind, um auch nach weiteren fünf Jahren zu einer ähnlich positiven Beurteilung zu kommen.

2 Institutionen der Regulierung

Wir stehen in Europa vor wichtigen Weichenstellungen über die Entscheidungszentren der Telekommunikationspolitik. Ist es der Rat, ist es die Kommission oder sind es die Mitgliedstaaten, die die Leitlinien der europäischen Telekommunikationspolitik bestimmen sollen? Wer soll die Regulierungsverantwortung im ausübenden Bereich übernehmen? Soll diese Verantwortung in den einzelnen Teilmärkten der Telekommunikation unterschiedlich geregelt werden? Über alle genannten Fragen fehlt es in Europa an einem grundlegenden Konsens, obwohl für die Phase der Telekommunikationspolitik, in die wir uns jetzt hineinbewegen, klare Antworten bereits gegeben sein müßten.

Der Maastrichter Vertrag sieht vor, daß die Gemeinschaft in Bereichen, die nicht in ihre ausschließliche Zuständigkeit fallen, nach dem Subsidiaritätsprinzip tätig werden soll. Erst dann, wenn die Ziele der Wirtschaftspolitik nicht auf der Ebene der Mitgliedstaaten erreicht werden können, sollen die Organe der Gemeinschaft die Politikgestaltung übernehmen. Tendenziell wird durch dieses Prinzip der Aufgabenteilung die Zuständigkeit der nationalen Regierungen eher erhöht.

Der Vertrag von Maastricht läßt es jenseits dieses Entscheidungsprinzips darüber hinaus jedoch an Klarheit fehlen, welche Kompetenzen die Organe der Gemeinschaft haben sollen oder im einfachen Gesetzgebungsverfahren an sich ziehen können. Es fehlt im Maastrichter Vertrag, wie es der Kronberger Kreis formuliert hat, die Substantiierung des Subsidiaritätsprinzips [1].

Auch und gerade für den Telekommunikationssektor ist diese politische und manchmal auch rechtliche Offenheit der Kompetenzverteilung zu konstatieren. Es fehlt des weiteren die politische, publizistische und analytische Aufarbeitung und Füllung dieser Lücke. Das Austesten der kompetenziellen Schnittstellen sollte nach meiner Überzeugung auch nicht juristischen Auseinandersetzungen zwischen den Mitgliedstaaten und der Kommission vor dem Europäischen Gerichtshof überlassen bleiben. Die Ausgestaltung des Subsidiaritätsprinzips bedarf der Ausfüllung durch ein politisches Programm. Dieses Programm muß sich folgenden Fragen gestellt und überzeugende Antworten gefunden haben: Wo liegen die Vorteile europäischer Regulierung? Welche Optionen bestehen bei der Kompetenzverteilung zwischen europäischen Organen und den Mitgliedstaaten bei der Gestaltung von Telekommunikationspolitik und der Regulierung des Telekommunikationssektors? Die Vielzahl denkbarer Optionen kann hier nicht in allen möglichen Facetten dargestellt und abgearbeitet werden. Es mag an dieser Stelle genügen, einen Blick auf die idealtypischen Strukturmodelle zu werfen. Ich sehe im wesentlichen vier grundlegende Gestaltungsoptionen, zwischen denen zu entscheiden ist:

(1) Die europäischen Organe könnten sich darauf beschränken, eine Rahmengesetzgebung mit Mindestnormen der Harmonisierung ordnungspolitischer

---

[1] Frankfurter Institut für wirtschaftspolitische Forschung: Einheit und Vielfalt in Europa – Für weniger Harmonisierung und Zentralisierung. Frankfurt 1992.

Rahmenbedingungen zur Entwicklung der Dienstleistungsfreiheit zu entwickeln.

(2) Neben der unter (1) genannten Rahmengesetzgebung entwickeln die europäischen Organe auch regulatorische Detailregelungen. Durch vielfältigste Harmonisierungsregeln versuchen die Gemeinschaftsorgane einheitliche Entwicklungen in Europa herbeizuführen. Sie tragen darüber hinaus durch eine entsprechende Aufsicht über die nationalen Regulierungsinstanzen für eine gleichmäßige Anwendung der einheitlichen Regeln in den Mitgliedstaaten Verantwortung.

(3) Europäische Organe entwickeln eine Rahmengesetzgebung zur Dienstleistungsfreiheit wie in der Option (1) und übernehmen für Teilbereiche des Telekommunikationsmarktes unmittelbar die Regulierungsverantwortung.

(4) Die gesamte Politik- und Regulierungsverantwortung für den Telekommunikationssektor erfolgt durch europäische Organe. Nationale Regulierungsbehörden betätigen sich nur als ausübende Organe der Zentralverantwortung.

Wie unschwer zu erkennen ist, entspricht die heutige europäische Realität der zweiten Option. Die europäischen Organe Rat und Kommission sind normsetzend tätig, üben aber noch nicht – mit Ausnahme der Anwendung der Wettbewerbsregeln – regulatorische Einzelentscheidungen aus. Die normsetzenden Regulierungsregeln haben einen beachtlichen Detaillierungsgrad erreicht, was besonders evident am Beispiel der sich ständig weiterentwickelnden ONP-Regelungen wird. Diese Regelungen, aber auch die Dienste- und Endgeräterichtlinien regeln in beachtlichem Umfang die Wettbewerbsverhältnisse auf den nationalen Telekommunikationsmärkten. Darüber hinaus betätigt sich die Kommission zunehmend als Aufsichtsorgan gegenüber dem Regulierungshandeln der nationalen Regulierungsbehörden. Dies zeigt sich etwa in einem umfassenden Berichtswesen und der ständigen Androhung von Vertragsverletzungsverfahren.

Viele Kritiker der europäischen Entwicklung sehen in diesen Tendenzen und in dieser Praxis des gemeinschaftlichen Handelns ihre Befürchtung bestätigt, daß die europäische Entwicklung in einen bürokratischen Zentralismus mündet, der bereits heute stark ausgeprägt sei. Aus dieser Einschätzung folgern viele eine Rückbesinnung auf die Option (1), nach der auf europäischer Ebene nur eine Rahmengesetzgebung zur Entwicklung der Dienstleistungsfreiheit stattfinden solle. Die wirtschaftliche Integration der Telekommunikationsmärkte wird bei diesem Ansatz nicht in erster Linie als eine staatliche, auch nicht als eine europäische Veranstaltung gesehen. Sicherstellung des freien Marktzugangs und des freien Marktaustritts sowie Nicht-Diskriminierung ausländischer Anbieter sind die beherrschenden Prinzipien dieses Ansatzes. In jedem Mitgliedsland wird der Dienstleistungsverkehr nach dem Ursprungslandprinzip liberalisiert: Dienstleistungen dürfen europaweit nach den Regulierungen des Ursprungslandes eines Anbieters in jedem anderen Mitgliedstaat angeboten werden. Bei diesem Prinzip kommt es zur Harmonisierung durch Wettbewerb und nicht durch Harmonisierungsrichtlinien europäischer Organe. Harmonisierung unterliegt damit unmittelbar immer einem Kosten-Nutzen-Test der Wirtschaftssubjekte und bliebe nicht marktfernen bürokratischen Instanzen überlassen. Die Befürworter dieser Option können sicherlich für sich in Anspruch nehmen, daß sich die Integration durch Harmonisierung und Harmonisierungsrichtlinien als dornig-mühsamer und langwieriger Weg herausgestellt hat und manchmal auch ihren Zweck verfehlt hat. Erlaubt dieser Weg doch „nationalen Regierungen, mit dem Verweis auf noch ausstehende gemeinsame Bestimmungen Integrationshemmnisse aufrechtzuerhalten"[2]. Auch sind die europäischen Organe immer auf die jeweilige Stimmungslage in den Mitgliedstaaten, manchmal sogar, wie das Beispiel des „Telecommunications Review"[3] zeigt, in einzelnen Staaten angewiesen. Eine kohärente und dynamische Politik entwickelt sich auf dieser Grundlage nur schwer oder kaum.

Sicherlich hat die Option (1) gerade unter wirtschaftspolitischen Gesichtspunkten viele Vorzüge. Doch darf nicht übersehen werden, daß sich monopolistisch strukturierte Märkte – wie wir sie in der Telekommunikation noch weitgehend vorfinden – nicht über Nacht in Wettbewerbsmärkte überführen lassen. Die Erfahrung in anderen Ländern, aber auch die ersten Erfahrungen in Deutschland mit Wettbewerb haben gezeigt, daß gerade und mindestens die Phase des Übergangs zu mehr Wettbewerb der regulatorischen Steuerung und Aufsicht bedarf.

In ihren Vorschlägen zur Weiterentwicklung der europäischen Telekommunikationspolitik hat die Kommission jüngst die Liberalisierung des grenzüberschreitenden Telefonverkehrs vorgeschlagen. Damit ist auch die Frage aufgeworfen, wie und durch welche Instanzen der Übergang von der heutigen durch die Kooperation nationaler monopolistischer Anbieter gekennzeichneten Marktsituation zur Situation des Wettbewerbs zwischen diesen und ganz neuen Anbietern des internationalen Telefondienstes in Europa regulatorisch gesteuert werden soll. Von selbst wird sich dieser Wettbewerb nicht einstellen. Damit sich in diesem Marktsegment wettbewerbliche Strukturen entwickeln, bedarf es entweder einer sehr abgestimmten und einheitlichen Politik der nationalen Regulierungsbehörden oder der Schaffung einer unmittelbaren Regulierungskompetenz auf europäischer Ebene. Solange grenzüberschreitende Dienste ausschließlich durch Kooperation nationaler Anbieter realisiert werden, mag es auch gute Gründe gegeben haben, die grenzüberschreitende Kommunikation national zu regulieren. Wenn sich diese Strukturen aber auflösen und es originäre Anbieter internationaler Dienste gibt, so wie dies etwa für transeuropäische Netze oder Satellitendienste gelten wird, muß sich die adäquate Struktur und Organisation der Regulierung auch diesen Veränderungen der Anbieterstrukturen und der Märkte insgesamt anpassen. Die adäquate Regulierung europaweiter Dienste kann nur auf europäischer Ebene erfolgen.

Diese neue Aufgabenzuweisung an die Gemeinschaft sollte einhergehen mit der Aufgabe der europaweiten Harmonisierung der auf nationale Netze und Dienste bezogenen Angebote. Mir scheint eine regulatorische Aufgabenteilung und Verantwortungsteilung das zweckmäßigere Modell im Vergleich zum mehr

---

[2] Frankfurter Institut für wirtschaftspolitische Forschung, a. a. O., S. 32.
[3] Prüfung der Lage im Bereich der Telekommunikationsdienste (1992), Mitteilung der Kommission. Brüssel, 21. Oktober 1992.

oder weniger konkurrierenden regulatorischen Zugriff wie wir ihn heute beobachten. Das hier vorgetragene Modell hat natürlich gewisse Ähnlichkeiten mit dem US-amerikanischen Modell der Trennung von Regulierungskompetenz auf der Bundesebene und der Staatsebene. Es würde hier zu weit gehen, die Vor- und Nachteile des amerikanischen Regulierungsmodells im einzelnen abzuarbeiten. Dieses Modell liefert jedenfalls eine Reihe von Hinweisen, wie Regulierungsverantwortung zwischen unterschiedlichen Kompetenzebenen abgegrenzt werden kann.

Die Zurückhaltung der europäischen Organe bei der Beeinflussung oder gar Gestaltung der nationalen Telekommunikationspolitik und Regulierung bedeutet keinesfalls eine Festigung des Status quo. Regulierungsvielfalt in Europa spiegelt auch Präferenzvielfalt wider. Regulierungsvielfalt in der Gemeinschaft bedeutet auch Regulierungswettbewerb und hilft, das Regulierungsmodell zu entdecken, das gewünschte Zwecke mit niedrigsten Kosten erreicht. Insofern sollten einer übereifrigen Harmonisierungspolitik klare Grenzen gesetzt werden, um den Wettbewerb unterschiedlicher Regulierungsmodelle nicht zu verschütten.

Der Verzicht auf ordnungspolitische Harmonisierung durch die europäischen Organe fällt vor allem mit Blick auf die Ausführungen des Vortags von N. von Baggehufwudt leicht, wenn man sich die weitreichende Kraft des EWG-Vertrages zur Realisierung der Dienstleistungsfreiheit vor Augen führt. Der Schutz von Rechtspostionen für den einzelnen Bürger oder das einzelne Unternehmen reicht danach schon durch das primäre EG-Recht sehr weit. Betätigungsschranken für private Anbieter durch nationale Regulierungsinstanzen unterliegen beachtlichen Begründungshürden oder sind von vornherein wirkungslos.

Nur der Vollständigkeit halber sei hier noch eine Bemerkung zur vierten Gestaltungsoption gemacht. Die vierte Option beschreibt die rein zentralistische Lösung. Ihr entspricht bislang nur das angestrebte Modell der Geldverfassung in der europäischen Währungsunion. In diesem Bereich gibt es sicherlich einige unbestreitbare Vorteile der zentralistischen Lösung. Für die Telekommunikationspolitik und die Regulierung der Telekommunikationsmärkte läßt sich der Beweis der Vorteilhaftigkeit des zentralistischen Modells kaum führen, schon gar nicht, wenn es sich auf alle Teilmärkte des Telekommunikationssektors beziehen soll.

3 Politikfernere Organisation der Regulierung

Die Regulierung des Telekommunikationssektors ist heute in fast allen Mitgliedstaaten noch sehr „regierungsnah" und damit auch sehr „politiknah" organisiert. Überwiegend wird die Regulierungsaufgabe von einem Ministerium und/oder einer einem Ministerium zugeordneten Behörde organisiert. Nur in wenigen Mitgliedstaaten findet Regulierung in der Form selbständiger, regierungsunabhängiger Regulierungsbehörden statt. Das hervorstechende Beispiel dieser Art ist das Office of Telecommunications in Großbritannien.

Neben der Kommission als einer Regierung vergleichbare Instanz gibt es eine Reihe weiterer Organisationsformen von Instanzen, die Regulierungskompetenzen wahrnehmen. Das Standardisierungsinstitut ETSI ist ein typisches Organ der

industriellen Selbstverwaltung. Ähnliche Strukturen weist das European Radio-
communications Office (ERO) auf. Als Koordinierungsorgane zwischen nationaler und europäischer Regulierung haben sich der ONP-Ausschuß, der Zulassungs-
ausschuß für Telekommunikationsendeinrichtungen (ACTE) und inzwischen der
Telekommunikationsausschuß der Gemeinschaft (CTC) herausgebildet. Wenn es
auf nationaler Ebene gut Gründe für eine regierungsferne Organisation der
Regulierung gibt, dann gibt es sie auch auf europäischer Ebene. Insofern muß eine
europäische Regulierungsinstanz nicht gleichbedeutend mit der EG-Kommission
sein.

4 Diensteharmonisierung und Open Network Provision

Mit Beginn der europäischen Telekommunikationspolitik hat das Ziel der
Harmonisierung von Telekommunikationsdiensten eine große Rolle gespielt.
Diese Politik ist entstanden vor dem Hintergrund und der Feststellung äußerst
unterschiedlicher Netzstrukturen und Diensteangebote in den einzelnen Mitgliedstaaten. Sicherlich ist eines der Leitmotive dieser Politik die einheitliche Verfügbarkeit und der einheitliche Zugang europäischer Nutzer zu den harmonisiert
angebotenen Telekommunikationsdiensten. Ein weiteres Motiv dieser Politik ist
aber auch darin zu sehen, über einheitliche Diensteangebote zu einheitlichen und
damit zu größeren Gerätemärkten zu kommen.

Es stellt sich die Frage, ob die Politik der Diensteharmonisierung, die durch die
Entwicklung des ONP-Konzeptes inzwischen auch eine neue instrumentelle
Umsetzungsform gefunden hat, kompatibel mit der wettbewerblichen Entwicklung in den Dienstemärkten ist und in der inzwischen praktizierten Form
volkswirtschaftlich sinnvoll ist.

Der ONP-Gedanke ist entstanden als Ansatz zur Ermöglichung von wirksa-
mem Wettbewerb im Dienstebereich, auch wenn einzelne Anbieter über eine
Monopolposition oder marktbeherrschende Position in Teilbereichen des Telekommunikationsmarktes verfügen und ihre Leistungen wichtige Inputleistungen
für konkurrierende Diensteanbieter sind. Der ONP-Ansatz hat inzwischen jedoch
auch ganz neue Aufgaben, Funktionen und Ausgestaltungen gefunden. Er ist ein
Ansatz zur Regulierung der Dienstleistungsqualität und der Preise sowie anderer
Parameter. Er ist ein Ansatz zur Vorgabe von Mindestleistungsverpflichtungen,
Pflichtleistungen und Infrastrukturauflagen geworden. Generell verpflichtet er
zum Angebot von Diensten. Weiterhin ist er ein allgemeines Instrument zur
Regulierung des Wettbewerbs geworden. Die Ausgestaltung des ONP-Ansatzes
scheint dabei, insbesondere auch mit Blick auf sein weites Anwendungsfeld, weit
über das ursprüngliche Ziel hinauszugehen. ONP läuft Gefahr, eine Marktauf-
sicht über Wettbewerber unter Beeinträchtigung des Qualitätswettbewerbs zu
werden. Mindestangebote sollten nur dann erwogen werden, wenn Funktionsdefi-
zite im Marktgeschehen konkret festgestellt oder konkret absehbar sind.

Telekommunikation schafft europäische Märkte.
Diensteanbieter in Europa:
Die Deutsche Bundespost Telekom

H. Ricke

In 35 Tagen wird der Europäische Binnenmarkt und damit ein Europa ohne trennende Grenzen Realität. Mit der ökonomischen Verflechtung der europäischen Staaten verbinden sich politische Hoffnungen und ergeben sich wirtschaftliche Chancen, die rasch erkannt und praktisch genutzt werden wollen. Mit dem Abbau der Schlagbäume am 1. Januar 1993 eröffnet sich in allen Marktbereichen die Möglichkeit, die Geschäftstätigkeit erheblich auszudehnen. Dies gilt – unter den vorgegebenen Rahmenbedingungen – natürlich auch sowohl für die Telekom als Netzbetreiber und Diensteanbieter als auch für die deutsche und europäische Telekommunikationsindustrie insgesamt. Das Marktpotential, das sich hier eröffnet, ist beeindruckend: Nach neueren Prognosen wird der Gesamtumsatz auf dem Telekommunikationssektor von 90 Mrd. ECU im Jahre 1990 bis zum Jahre 2010 um den Faktor 3,5, d. h. auf 320 Mrd. ECU anwachsen.

Unter der Prämisse des Einsatzes zukunftsweisender Technologien ist ein besonderes Marktwachstum – verbunden mit hohen Gewinnerwartungen – in den Bereichen „Mobilfunk", „Sprachmehrwertdienste" und „spezifische Datennetze" absehbar. Deshalb werden in diesen Sektoren, vor allem im Bereich der Netze und der Endgerätetechnologie, die Entwicklungen unter Einsatz erheblicher finanzieller Mittel mit Hochdruck vorangetrieben. Die Investitionen werden hier europaweit von jährlich 33 Mrd. ECU im Jahre 1990 auf 140 Mrd. ECU im Jahre 2010 ansteigen. Diese Perspektive vermittelt einen Eindruck vom Umfang der Herausforderungen und den sich eröffenenden Möglichkeiten, vor denen die Telekommunikationsunternehmen in Europa stehen. Die Möglichkeiten, die der Binnenmarkt eröffnet, sind deutlich erkennbar. Dennoch wird sich, und darin stimmen wir sicherlich miteinander überein, der Erfolg nicht von selbst einstellen. Um ihn zu erreichen und zu sichern müssen wir einerseits eigene Aktivitäten entfalten und sind andererseits abgestimmte europäische Telekommunikationsstrategien notwendig.

Die ökonomische Entwicklung in Europa korreliert mit der Entwicklung der gesamteuropäischen Telekommunikationsinfrastruktur. Die Telekom ist sich dieses Zusammenhangs und der ihr hier zufallenden großen Verantwortung voll bewußt und hat als das größte Telekommunikationsunternehmen in Europa ein vitales Interesse an der Belebung der europäischen Wirtschaftskraft. Dies sind einige der wesentlichen Komponenten, die die Zukunft des europäischen Telekommunikationsmarktes aus heutiger Sicht schlaglichtartig beschreiben. Wie sehen nun die strategischen Bewertungen aus, die aus diesem Szenarium für die Telekom folgen?

Lassen Sie mich gleich zu Anfang einige zentrale Feststellungen formulieren, auf die ich anschließend im Einzelnen zu sprechen kommen werde.

– Die Telekom begrüßt den von der EG forcierten Wettbewerb auf dem hochentwickelten europäischen Telekommunikationsmarkt, sofern und soweit alle engagierten Unternehmen den gleichen, fairen Wettbewerbsbedingungen unterliegen.
– Die Telekom sieht im europäischen Telekommunikationshaus die Chancen für neue Märkte, die sowohl durch Kooperation als auch durch Wettbewerb zwischen den Telekommunikationsunternehmen entwickelt, ausgebaut und gehalten werden können.
– Die Telekom steht auch zu ihrer Verantwortung als ein Innovationsmotor für die europäische Telekommunikationsindustrie. Eine europäische Ausrichtung eröffnet für die Telekom im internationalen Wettbewerb Größenvorteile bei den Beschaffungspreisen und der heimischen, deutschen Telekommunikationsindustrie neue Absatzmärkte.
– Sie engagiert sich für eine Balance zwischen Liberalisierung und Harmonisierung in der Schaffung europäischer Normen, wodurch die Nachfrage nach Kommunikationsdienstleistungen erweitert und auch ein europäischer „home market" für die deutsche Telekommunikationsindustrie geschaffen wird.

Ich möchte zunächst auf das Wettbewerbsumfeld – die sogenannten Marktrandbedingungen – im Europa ohne Grenzen eingehen. Telekommunikation ist längst kein vorwiegend national ausgerichtetes Betätigungsfeld mehr, denn mit der Verflechtung der internationalen Wirtschaftsbeziehungen und der Ausweitung des Aktionsradius der international operierenden Kunden sind auch die Telekommunikationsunternehmen vor die Aufgabe gestellt, ihre Dienste und ihren Service weltweit anzubieten und zur Verfügung zu stellen. Eine besondere Herausforderung und Verantwortung, vor der alle großen international agierenden Telekommunikationsunternehmen in gleicher Weise stehen, ist zudem der – nur in enger internationaler Kooperation mögliche – Aufbau einer funktionierenden Telekommunikationsinfrastruktur in den Staaten Osteuropas, deren ökonomische und politische Stabilität für die weitere Entwicklung unseres ganzen Kontinents von maßgeblicher Bedeutung ist. Mit der Internationalisierung der ökonomischen Beziehungen einher gingen Veränderungen der politischen und wirtschaftlichen Rahmenbedingungen auf den nationalen Märkten. An die Stelle des Nebeneinanders tritt der Wettbewerb und an die Stelle der Marktabschottung die Öffnung der europäischen Märkte.

Vorangetrieben wird die Entwicklung durch eine zunehmende Deregulierungspolitik auf nationaler und europäischer Ebene, deren Ziel darin besteht, das Prinzip Wettbewerb auf dem Telekommunikationssektor voll zur Geltung zu bringen bzw. ihn zu stimulieren, um über attraktive Preis-Leistungsverhältnisse neue Marktpotentiale zum Wohle der Kunden zu erschließen. Bei der Gestaltung der Ordnungspolitik nehmen die nationalen und der europäische Regulierer die Marktveränderungen und die technische Entwicklung im Bereich der Telekommunikation auf. Neue Wettbewerber werden über Lizenzen zugelassen, und es kommt zu einem Pluralismus von innovativen Produkten, Diensten sowie der dazugehörigen Netze und Infrastrukturleistungen.

Was sind nun unsere Antworten auf diese Marktbedingungen? Sie bilden den Hintergrund, vor dem die die Telekom ihre Neuausrichtung, die unter dem Leitgedanken „Wandel managen" steht, zu vollziehen hat. Was sich dahinter verbirgt ist die äußerst komplexe Aufgabe, die eine verwaltende, überwiegend national ausgerichtete Behörde in ein unter Wettbewerbsbedingungen agierendes, international operierendes markt- und kundenorientiertes Unternehmen umzugestalten, wobei Kundenfreundlichkeit, Effizienz- und Produktivitätssteigerung die Maximen sind, auf die unser Handeln ausgerichtet ist. Diesem Ziel sind wir auch in diesem Jahr wieder entscheidende Schritte nähergekommen. Ich darf in diesem Zusammenhang vor allem auf zwei Maßnahmen verweisen, die wir umgesetzt bzw. verabschiedet haben und von denen wir uns eine erhebliche Wirkung versprechen, die Führung des Unternehmens nach Geschäftsfeldern sowie die umfassende Organisationsänderung der Telekom.

Mit der Einführung von Geschäftsfeldern haben wir unsere über 700 Produkte insgesamt 20 marktorientierten Geschäftsfeldern, die auf Märkte mit Kundengruppen mit ihren spezifischen Anforderungen zugeschnitten sind, zugeordnet, wobei ein Geschäftsfeld vom Umfang her etwa dem Produktionsressort eines Industrieunternehmens entspricht. Dies impliziert, daß wir unser Handeln nicht mehr technikgetrieben sondern kunden- und marktorientiert ausgerichtet haben. Zu den aktuellsten Schritten unserer Neuausrichtung gehören die Anfang September verabschiedeten, umfassenden, „Telekom-Kontakt" genannten Maßnahmen zur konsequenten Neustrukturierung unserer Organisation.

Auf den Grundprinzipien Kundenorientierung und Divisionalisierung beruhend werden künftig vier Kundenbereiche im Zentrum stehen, die, differenziert nach Privatkunden, Geschäftskunden, Systemkunden und Mobilfunk, angesichts ihrer großen Flexibilität und ihrer weitgehenden Selbständigkeit, schnell und effizient auf die unterschiedlichen Bedürfnisse der Kunden sowie auf die Anforderungen des Wettbewerbs reagieren können.

Die Entwicklung innovativer Technologien und modernster Dienste sowie die Bereitstellung einer leistungsfähigen Infrastruktur werden die beiden Technikbereiche des Unternehmens: „Technik Netze" und „Technik Dienste" garantieren. Sowohl die vier Kundenbereiche als auch der technikorientierte Bereich „Technik Dienste" werden über eine eigene flächendeckende Außenorganisation verfügen. Die neue Bereichsstruktur bildet sich von der Vorstandsetage bis zu den Telekom Niederlassungen, den ehemaligen Fernmeldeämtern, auf allen Ebenen des Unternehmens ab.

Der inneren Neuausrichtung parallel geht unsere internationale Ausrichtung. Sie resultiert einerseits aus den Bedürfnissen unserer global operierenden Kunden und ist andererseits eine unverzichtbare Maßnahme zur Zukunftssicherung unseres Unternehmens. Wir wollen einer der fünf bis zehn Vollsortimenter sein, die sich nach neueren Prognosen mit einem breiten, primär auf globale Geschäftskunden ausgerichteten Produkt- und Leistungsspektrum auf dem Weltmarkt der Telekommunikation behaupten werden und streben dazu, abwägend zwischen Kooperation und Wettbewerb, bei unseren Auslandsaktivitäten strategische Allianzen an.

Beispiele für solche strategischen Allianzen im Spannungsfeld zwischen Kooperation und Wettbewerb aus jüngster Zeit sind das gemeinsame Vorgehen mit AT&T und der niederländischen PTT beim Ausbau des Festnetzes in der Ukraine, das gemeinsame Auftreten mit BT und FT bei der Ausschreibung von Mobilfunknetzen in Ungarn und die stattfindende enge Kooperation mit France Telekom in der gemeinsamen Tochtergesellschaft EUCOM, die vor wenigen Tagen ihr fünfjähriges, erfolgreiches Bestehen begehen konnte.

Unsere Internationalisierungsstrategie weist drei Stoßrichtungen auf: Wir wollen vor allem international dort agieren, wo wir Stärken haben, also beim Errichten und Betreiben von Netzen, beim weltweiten Angebot von Netzdienstleistungen oder netznahen Diensten für internationale Kunden. In diesen Bereichen streben wir Beteiligungen an internationalen Konsortien und Projekten an. Wir wollen uns international an der Errichtung und an dem Betreiben von Mobilfunknetzen auf GSM-Basis engagieren und gemeinsam mit erfahrenen Partnern international Datenmehrwertdienste anbieten. Der geographische Schwerpunkt unseres Interesses liegt in den Industrienationen, also in den Ländern der Triade Europa, USA und Japan.

Für den osteuropäischen Markt, dem wir eine große Bedeutung zumessen und eine erhebliche Aufmerksamkeit widmen, hat Deutschland und unser Unternehmen eine Brückenkopf-Funktion, der wir gerecht werden wollen. Was wir in Osteuropa vor allem anbieten wollen ist unsere Beratungskompetenz und unser planerisches Know-how. Darüber hinaus wollen wir finanziell vertretbare, das heißt dem Risiko angemessene Einzelprojekte durchführen, um die Plattform für ein späteres, weitergehendes Engagement zu schaffen.

Daß wir die Postreform II, die uns in die Lage versetzen würde, unsere sinkende Eigenkapitalquote durch den Gang an die Börse aufzufüllen, die uns vom öffentlichen Dienstrecht befreien und damit mehr Handlungsspielraum im Personalmanagement ermöglichen sowie Restunsicherheiten im Hinblick auf unsere Auslandsaktivitäten beseitigen würde, sehr begrüßen, sei an dieser Stelle bereits erwähnt. Ich werde darauf am Ende meiner Ausführungen noch eingehender zu sprechen kommen.

Ungeachtet des Ausgangs der Diskussion um die Postreform II und über den Rahmen der initiierten bzw. vorbereiteten Maßnahmen hinaus müssen wir – nicht zuletzt auch im Hinblick auf den europäischen Binnenmarkt – erhebliche Anstrengungen unternehmen, um unsere internationale Wettbewerbsfähigkeit durch die Ausschöpfung aller Kostensenkungspotentiale und eine Steigerung der Effizienz und Produktivität zu erhöhen. Dazu müssen wir erreichen, daß die Personalkosten in den kommenden Jahren langsamer wachsen als der Umsatz. Bis zum Jahre 2000 müssen wir den Personalkörper der Telekom reduzieren und wollen parallel dazu, durch die Verbesserung der Vorgaben und Abläufe, den Betrieb und Kundenservice mit hoher Güte aufrecht erhalten beziehungsweise ausbauen. Der Umfang der Personalreduzierung wird dabei von der Entwicklung des weiteren Umsatzwachstums abhängen. Unser Ziel ist es, gegen Ende des Jahrzehnts an die dann von unseren Wettbewerbern erreichten Produktivitätswerte (Umsatz pro Kopf) heranzukommen.

Spareffekte bei gleichzeitiger Effektivitätssteigerung sind auch bei unserem Investitionsverhalten zu erzielen. Wir haben in diesem Jahr mit einem Investitionsvolumen von 30 Mrd. DM eine Rekordmarke erreicht. Obwohl wir das Ausbautempo in den neuen Bundesländern forcieren, ist durch die abgeschlossenen Maßnahmen und Projekte beim Aufbau der dortigen Telekommunikationsinfrastruktur der Höhepunkt der Investitionen erreicht. In diesem Jahr haben wir in den neuen Bundesländern, wie Sie wissen, das dreifache unserer Einnahmen investiert. In der zweiten Hälfte dieses Jahrzehnts werden unsere Investitionen im Osten der Republik schrittweise auf Normalniveau zurückgehen können. Dies versetzt uns in die Lage, unsere finanziellen Ressourcen nicht nur schonender, sondern auch effektiver einzusetzen.

Kostenorientiertes Handeln zur Verbesserung unserer Wettbewerbsfähigkeit umfaßt selbstverständlich auch unsere Beschaffungspolitik. Das heißt, auch im Beschaffungsbereich wird sich die Telekom noch nachdrücklicher um die Optimierung der Beschaffungskosten bemühen. Der Einkauf der Telekom ist international, denn nur so kann sich die Telekom für den zu erwartenden Ausleseprozeß in den globalen Telekommunikationsmärkten behaupten. Angesichts sinkender Beschaffungskosten aufgrund positiver Skaleneffekte werden wir, bei steigenden Beschaffungsmengen, unsere Aufwendungen in diesem Bereich reduzieren und dennoch beim Aufbau der Infrastruktur und bei der Schaffung neuer Dienste nicht nur innovativ auf dem höchsten Stand der Technik bleiben sondern unsere Innovationskräfte und unser Innovationstempo weiter verstärken.

Trotz dieser vorhersehbaren Entwicklung werden aber deutliche Verbesserungen der Kapitalkosten erst in der nächsten Dekade rechenbar werden, besonders dann, wenn die hohe Fremdfinanzierung noch lange fortgesetzt werden muß. Die Telekom hat sich – im Rahmen der ihr zur Verfügung stehenden Möglichkeiten – auf den europäischen Binnenmarkt vorbereitet und ist auf einem guten Weg, ein erfolgreiches, europa- und weltweit operierendes Unternehmen zu werden.

Der europäische Binnenmarkt erfordert – und zwar auf allen Ebenen – eine neue Qualität der Zusammenarbeit und Kooperation. Ich denke da zum Beispiel an die Notwendigkeit, europäische und internationale Standards zu schaffen sowie europäische Dienste anzubieten. Standards stellen eine notwendige Voraussetzung für die Interoperabilität von Netzen dar. Sie gewinnen im Rahmen einer europäischen und internationalen Kommunikation zunehmend an Bedeutung. Außerdem kann im Rahmen wachsender Deregulierung die Zahl der Marktteilnehmer nur dann erhöht werden, wenn Standards zugleich die technische Kompatibilität der verwendeten Systeme garantieren. Eine zentrale ordnungspolitische Frage liegt hier in der Normungstiefe und in dem Standardisierungszeitpunkt.

Eng verbunden mit der Standardisierung ist der forcierte Ausbau transeuropäischer Netze. Mit den Maastrichter Verträgen hat die EG ein Aktionsprogramm formuliert, um durch ein System offener und wettbewerbsorientierter Märkte den Verbund und die Interoperabilität der einzelstaatlichen Netze sowie den Zugang zu diesen Netzen zu fördern. Die transeuropäischen Netze werden das Rückgrat der Telekommunikationsinfrastruktur sein. Sie bieten eine konkrete Chance, die Entwicklung des einheitlichen Binnenmarktes voranzutreiben.

Die Telekom wird aus den vorgenannten Gründen bei den Standardisierungsgremien, den übrigen Telekommunikationsunternehmen und bei der europäischen Telekommunikationsindustrie auf eine weitere Vereinheitlichung hinwirken. Hier befinden wir uns bereits auf dem richtigen, zukunftsweisenden Weg. Lassen Sie mich auf einige Beispiele aus jüngster Zeit verweisen:

Anfang September haben die fünf großen Betreiber öffentlicher Netze aus Italien, Großbritannien, Frankreich, Spanien und Deutschland vereinbart, mit dem „GEN" genannten, Global European Network, europaweit ein gemeinsames, grenzüberschreitendes Übertragungsnetz als Transportinfrastruktur für verschiedene Dienste bereitzustellen. Auf Glasfasertechnologie aufbauend bietet es kürzere Bereitstellungszeiten für internationale Übertragungswege bei verbesserter Güte und Zuverlässigkeit. Die anderen europäischen Netzbetreiber wurden eingeladen, sich anzuschließen.

Ein anderes Beispiel – bei dem wir eine maßgebliche Vorreiterrolle übernommen haben – ist EURO-ISDN. Die von 26 Netzbetreibern aus 20 europäischen Ländern 1989 eingegangene Verpflichtung, das als europäisches Netz konzipierte ISDN nach einem einheitlichen Standard bis Ende 1993 einzuführen, wird von uns eingelöst. Die zur Umstellung des nationalen ISDN zum EURO-ISDN erforderlichen Softwareänderungen in den Vermittlungsstellen werden mit dem Beginn des neuen Jahres realisiert.

Anfang Oktober fiel der Startschuß für das von den Telekommunikationsbetreibern in Frankreich, Großbritannien, Italien, den Niederlanden, Norwegen und Deutschland getragene Projekt „European Videotelephony", das als erster Schritt zu einem europäischen Bildtelefondienst anzusehen ist. Er soll bis 1995 europaweit eingeführt sein.

Im Bereich des Mobilfunks ist mit dem GSM-Standard, den bisher bereits 40 Netzbetreiber aus allen europäischen Staaten übernommen haben, ein europäischer Standard mit der Aussicht, ein Weltstandard zu werden, bereits etabliert.

In wenigen Tagen werden aufgrund einer am 28. Oktober unterzeichneten Vereinbarung Teilnehmer am D1-Mobilfunknetz mit ihrer D1-Karte in der Schweiz, in Dänemark, Finnland, Norwegen und Schwerden mobil telefonieren können.

Besonderes Interesse verdienen die kürzlich von den fünf größten europäischen Betreibern öffentlicher Telekommunikationsnetze gestarteten gemeinsamen europäischen Pilotprojekte zur Erprobung des neuen Breitband Übertragungs-Standards ATM (Asynchroner Transfer Modus). Das von BT (England), France Télécom, STET/ASST (Italien), Telefonica (Spanien) und uns unterzeichnete MoU sieht vor, eine europaweite Infrastruktur auf ATM-Basis zu installieren. Ich darf erwähnen, daß auch diese Entwicklung von uns sehr stark vorangetrieben wurde. ATM ist die Übertragungsbasis für das künftige Breitband-ISDN, also die Informations-Autobahn, über die alle möglichen Kommunikationsarten mit extrem hohen Geschwindigkeiten transportiert werden können. Das in Heidelberg ansässige europäische Institut für Forschung und strategische Studien (EURESCOM), in dem sich 20 öffentliche Telekommunikations-Netzbetreiber zusammengeschlossen haben, um Strategien und Forschungen zur Entwicklung und europaweiten Bereitstellung harmonisierter Telekommunikationsnetze und -Dienste zu betreiben, hat innerhalb von nur 18 Monaten die technischen Spezifikationen festgelegt, mit denen die Kompatibilität von Netzen auf der Ebene der sogenannten virtuellen Übertragungswege sichergestellt wird. Das Pilotprojekt mit virtueller Übertragungsstruktur auf ATM-Basis ist in Europa einzigartig. Es ist Ausdruck der Bereitschaft der öffentlichen Netzbetreiber, neue Technologien zu fördern und einen Rahmen der Zusammenarbeit zu definieren, der allen öffentlichen Netzbetreibern in Europa offensteht.

Wir werden diesen Weg in Richtung auf einen einheitlichen Telekommunikationsmarkt in Europa nicht nur konsequent weitergehen, sondern – wie bisher – Motor und Schrittmacher der Entwicklung sein, um unseren Kunden aber auch der Industrie neue Wege und Möglichkeiten zu eröffnen.

Weil Telekommunikation stark technologiegetrieben ist, ist ein besonderes Engagement im Bereich F&E notwendig, weil hier frühzeitig zukunftsorientierte Konzepte der Informations- und Kommunikationstechnologie entworfen und gestaltet werden müssen. Dies gilt insbesondere dort, wo grenzüberschreitende Technologien zum Einsatz kommen sollen. Neben den Schwerpunkten der aktuellen Forschungs- und Entwicklungsarbeit, wie zum Beispiel in den Bereichen Integrierte Breitbandsysteme, Softwaretechniken, Intelligente Netzwerke, ATM und SDH, kommt daher der Verbundforschung mit Dritten – insbesondere auf europäischer Ebene – eine besondere Bedeutung zu.

Europäische Zusammenarbeit ist aber auch aus einem weiteren Grunde gefordert: Wie Sie wissen, vollzieht sich die Einführung neuer Technologien heute nicht mehr im Alleingang einzelner Telekommunikationsunternehmen. Ursache dafür ist zum einen die bestehende Abstimmungspraxis zwischen den Netzbetreibern, die das Ziel verfolgt, den grenzübergreifenden Einsatz einer Technologie zu ermöglichen. Zum anderen führt die Komplexität technologischer Innovationen zu einem erheblichen Investitionsbedarf bei sehr langen Vorlaufzeiten. Das hieraus resultierende Risiko ist oftmals nur durch die Kooperation mehrerer Unternehmen – der Hersteller und Abnehmer – zu tragen, die die Finanzierung bis zur erfolgreichen Markteinführung gemeinsam übernehmen. Erst die koordinierte Forschung und Entwicklung bietet allen Beteiligten die Möglichkeit, Größenvorteile zu realisieren.

Bei allen Chancen, die der europäische Binnenmarkt – den wir grundsätzlich begrüßen – bietet, gibt es bestehende Ungleichgewichte, Hemmnisse und Gefahrenpotentiale, die ich nicht verschweigen will. Der Ausbau einer europäischen Telekommunikationsinfrastruktur ist mit erheblichen Investitionen aller Netzbetreiber verbunden. Um die erforderlichen Investitionen vornehmen zu können, ist auch die Telekom auf eine solide und konstante Einnahmesituation angewiesen. Sie wird jedoch gegenwärtig durch die ordnungspolitischen Rahmenbedingungen grundlegend in Frage gestellt.

Weiter ist darauf hinzuweisen, daß – ungeachtet unserer Bemühungen und Fortschritte – Europa noch immer durch eine strukturelle Vielfalt gekennzeichnet ist. Der Ausdruck „Europa der zwei Geschwindigkeiten" läßt sich auch auf den Bereich der Telekommunikation übertragen. Ich denke da an die unterschiedliche Ausprägung der nationalen Telekommunikationsmärkte im Bereich der angebotenen Dienstleistungen, der Kosten- und Tarifstrukturen, der eingesetzten Technologien, der finanziellen Leistungskraft der Netzbetreiber und schließlich der regulatorischen Rahmenbedingungen.

Für die Telekom gibt es in erster Linie drei Faktoren, die die spezifisch deutsche Situation des Telekommunikationsmarktes kennzeichnen:

Erstens: Immer noch wird die Telekom durch politische Vorgaben und infrastrukturelle Verpflichtungen stark gebunden. Sie verlangen von der Telekom

- ihre Leistungen an jedem Ort zu den gleichen Bedingungen anzubieten, unabhängig vom Standort des Benutzers und der hieraus resultierenden Mehrkosten (Tarifeinheit im Raum),
- ihre Leistungen, sogar in ausgewählten Wettbewerbsbereichen, dauerhaft, von definierter Qualität und zu regulierten Preisen bereitzustellen (Pflichtleistungen), und
- ihre Leistungen diskriminierungsfrei jedermann zu gleichen Bedingungen anzubieten.

Als ein Unternehmen, von dem Effizienz erwartet wird, kann die Telekom diese Pflichten nur dann ohne nachhaltigen wirtschaftlichen Schaden erfüllen, wenn ihr zugestanden wird, durch den Gebrauch begrenzter ausschließlicher Rechte garantierte Einnahmen zu erzielen. Finanzielle Leistungskraft und Sonderrechte stehen somit in einem gegenseitigen Abhängigkeitsverhältnis. Wo Sonderrechte aufgegeben werden, müssen auch Pflichten, die nur daraus zu finanzieren sind und unmittelbar die Ertragssituation der Telekom belasten, aufgehoben werden. Andernfalls würde dies eine einseitige, diskriminierende Belastung in einem gemeinsamen Markt gleichberechtigter Partner bedeuten.

Zweitens: Die unterschiedliche nationale Lizenzierungspraxis führt zu erheblichen Ungleichgewichten in Europa. Während in Deutschland der Bereich der Mehrwertdienste vollständig liberalisiert ist und somit auch jedem ausländischen Anbieter offensteht, lassen andere Staaten ausländische Telekommunikationsunternehmen in ihren Märkten gar nicht zu. Damit stellen sich beispielsweise für die Telekom ungleiche Startbedingungen in einem grenzüberschreitenden, europäischen Markt der Zukunft. Die Telekom wird so von der globalen Marktentwicklung durch protektionistische Barrieren abgeschnitten.

Drittens: In den kommenden Jahren wird sich ein fundamentaler technologischer Wandel in der Telekommunikation ergeben. Die Digitalisierung und der Einsatz von Glasfaser erlauben die Einführung neuer Dienstleistungen bei gleichzeitiger Reduzierung der Betriebskosten. Mit weit günstigeren Übertragungskosten verändert sich die gesamte Netzarchitektur mit größeren, zentralen Vermittlungen und längeren Übertragungswegen von hoher Kapazität. Neue Wettbewerber werden dann im lukrativen von multinational operierenden Geschäftskunden nachgefragten Fernbereich schnell große Verkehrsmengen in ihr Netz ziehen. Der Ortsanschluß wird damit durch sein erhebliches Kostenpotential auch die Telekom belasten, die wie andere Netzbetreiber eine flächendeckende Versorgung weiterhin wird anbieten müssen. Hingegen werden die neuen Wettbewerber nur in ausgewählten, gewinnträchtigen Bereichen und über kostengünstige Technologien den universellen Vollsortimentern von Telekommunikationsdienstleistungen Konkurrenz bieten.

Diese Entwicklung muß vor dem Hintergrund des besonderen Investitionsbedarfs der Telekom gesehen werden. Auf diesem für die nationale Telekommunikationsindustrie so wichtigen Feld trägt die Telekom eine besondere Verantwortung und besondere Belastungen. An erster Stelle ist der Investitionsbedarf für die neuen Bundesländer im Zuge des Aufbaus der Telekommunikationsinfrastruktur im Rahmen unseres Masterplans „Telekom 2000" zu nennen. Dieses Modernisierungsprogramm umfaßt ein Investitionsvolumen bis 1997 von rd. 60 Milliarden Mark. Darüber hinaus sind die laufenden Investitionen in Forschung und Entwicklung sowie in die Fortentwicklung der bestehenden Netze und Dienste – Stichworte hier sind Digitalisierung und breitbandige Übertragungswege – zu nennen.

In diesem Zusammenhang müssen die noch wirksamen Belastungen aus vorausgegangenen Investitionen vor der Postreform I mitgerechnet werden. Als „Altlasten" werden sie noch lange Zeit in die Unternehmensbilanzen der ehemaligen Monopolbehörden eingehen, da die alte Abschreibungsmethodik der kameralistischen Buchhaltung von der Lebensdauer der Netze bestimmt war, während heute auf die kürzere ökonomische Nutzungsdauer abgestellt wird.

Berücksichtigt man, daß auf dem innovativen Markt der Netztechnologie durch neuere Entwicklungen ein erheblich besseres Preis-Leistungsverhältnis entstanden ist, so wird deutlich, in welchem Maße die etablierten Netzbetreiber gegenüber den neuen Wettbewerbern belastet werden. Dies gilt in besonderem Maße für die Telekom, die über eine lange gewachsene, sehr dicht ausgebaute Netzinfrastruktur verfügt.

Das Fazit lautet hier: Nicht allein die Wettbewerbsfähigkeit eines Unternehmens entscheidet über den Erfolg im Telekommunikationsmarkt. Daneben entscheidet auch der ordnungspolitische Handlungsspielraum, in dem ein Unternehmen seinen Erfolg selbst beeinflussen kann, und das Marktsystem, in dem ein Unternehmen wie die Telekom agieren muß. Angesichts dieser Situation gewinnen vorhersehbare technische, wirtschaftliche, aber insbesondere regulatorische Rahmenbedingungen einen bestimmenden Einfluß auf das Engagement der Telekom und ihrer Partner in Europa.

Die Deregulierungspolitik der EG-Kommission weist nach wie vor drei Meilensteine auf:

- Das Grünbuch über die Entwicklung des Gemeinsamen Marktes für Telekommunikationsdienstleistungen und Telekommunikationsgeräte von 1987,
- die Richtlinie der Kommission der EG über den Wettbewerb auf dem Markt für die Telekommunikationsdienste vom 28. Juni 1990, und
- die Richtlinie des Rates vom 28. Juni 1990 zur Verwirklichung des Binnenmarktes für Telekommunikationsdienste durch Einführung des offenen Netzzuganges (ONP).

Trotz der geleisteten Arbeit gibt es Lücken in der Umsetzung der begonnenen Maßnahmen. So formulierte beispielsweise die Kommission bislang keine Übersicht über den europäischen Kommunikationsmarkt, wie er von der ONP- und der Dienste-Richtlinie gefordert wird. Nicht genügend erfaßt und vergleichbar ist desweiteren der Umsetzungsstand von angewiesenen EG-Maßnahmen in den einzelnen Mitgliedsstaaten. Sicherlich müssen diese Informationen als Zwischenschritte aufgearbeitet werden, bevor weitere Maßnahmen der Deregulierung begonnen werden. Was das zentrale Problem der Infrastrukturverpflichtungen betrifft, so hat die EG bislang auf ein übergeordnetes Konzept zur wettbewerbsneutralen Verteilung dieser Pflichten auf alle Konkurrenten in liberalisierten Märkten verzichtet.

Andererseits sind gerade im Bereich der Geschäfts- und Bürokommunikation, in dem eine hohe Preisflexibilität von grundlegender Bedeutung ist, die Netzbetreiber durch regulierte Tarife und Vorgaben wie die Tarifeinheit im Raum eng beschränkt. Solange Netzbetreiber, wie z.B. in Deutschland, soziale, regionale und wirtschaftspolitische Vorgaben in unterschiedlicher Ausprägung erfüllen, stehen die unternehmerischen Freiheiten, die im internationalen Wettbewerb lebensnotwendig sind, in einem antagonistischen Verhältnis hierzu. Dabei gibt es im Grunde keinen Dissens über die grundsätzliche Notwendigkeit von Infrastrukturverpflichtungen. In der ökonomischen Wissenschaft und der historischen Praxis ist wohl unbestritten, daß das Prinzip Wettbewerb zu dem effizientesten Einsatz der Ressourcen führt.

Wie Sie sehen, gibt es noch eine Reihe wichtiger Fragen zu klären. Lassen Sie mich, um den breiten Horizont von offenen Fragen im europäischen Telekommunikationsmarkt anzudeuten, nur noch folgende erwähnen, nämlich die Frage der volkswirtschaftlich sinnvollen Unterstützung transeuropäischer Netze durch die EG, der Entwurf eines wettbewerbsneutralen Standardisierungsregimes oder der Ausbau der peripheren Regionen in Europa. Die Kommission hat hier sehr wohl Ziele und Aufgaben formuliert, ohne jedoch praktikable Lösungsansätze zu entwickeln. Mir scheint, daß die Umsetzung von Maßnahmen zur Zeit kaum Schritt halten mit der Setzung neuer Ziele. Für die Telekommunikationsunternehmen ergibt sich hieraus eine erhebliche Planungsunsicherheit. Gleichzeitig führt die asymmetrische Regulierung der Netzbetreiber zu erheblichen Wettbewerbsverzerrungen.

Zum Schluß möchte ich die Chancen und Gefahren Ordnungspolitik in Europa zusammenfassend gegenüberstellen und auf dieser Grundlage einige zentrale Forderungen an die EG, aber auch an die politisch Verantwortlichen in Deutschland, formulieren.

Zunächst ist es unverzichtbar, daß die EG eine langfristige Wettbewerbs- und Investitionsstrategie entwirft, die auf zuverlässigen Einschätzungen der weiteren Marktentwicklungen beruht. Dies schließt einen Zeitplan für die kommenden Liberalisierungsmaßnahmen ein, der die Telekommunikationsunternehmen in die Lage versetzt, ihre Geschäftsstrategie langfristig auf den europäischen Markt auszurichten und ihre Infrastruktur entsprechend auszubauen. Ferner sollten auf EG-Ebene Aktionspläne erarbeitet werden, die aufzeigen

- wie die Telekommunikation von zu großen und divergierenden politischen Einflußnahmen entkoppelt wird,
- wie die europäischen Telekommunikationssysteme und die grenzübergreifenden Dienstleistungen harmonisiert werden, und
- wie die Wettbewerbsfähigkeit der europäischen Telekommunikationsindustrie ohne Rekurs auf wettbewerbsverzerrende, regulatorische Asymmetrien nachhaltig verbessert werden kann.

Speziell mit Blick auf die aktuelle ordnungspolitische Diskussion um eine Postreform II in Deutschland ergeben sich folgende Wünsche:

Es ist nur folgerichtig, daß die nationale und europäische Entwicklung der Deregulierung aufeinander abgestimmt werden muß. Diese Koordination der Liberalisierungspolitik kann allerdings nur zum Erfolg führen, wenn sie mit der nationalen volkswirtschaftlichen Verantwortung der Telekom harmoniert beziehungsweise dem vielzitierten Prinzip der Subsidiarität Rechnung trägt. Die Telekom muß künftig eine noch aktivere Rolle auf dem deutschen und europäischen Beschaffungs- und Absatzmarkt übernehmen. Sie wird diese „Lokomotiv"-Funktion sowohl national als auch in ihrem Beitrag zur Entwicklung des Binnenmarktes nur leisten können, wenn ihre unternehmerischen Handlungsmöglichkeiten durch die Unternehmensverfassung einer Aktiengesellschaft erweitert und gesichert sind. Nur als Aktiengesellschaft, so die Meinung des Vorstandes, wird es der Telekom möglich sein, durch eine rechtliche Gleichstellung mit den übrigen Marktteilnehmern mit gleichen Erfolgsaussichten in den Wettbewerb zu treten.

Die Benachteiligung der Telekom durch den fehlenden Vorsteuerabzug und die Ablieferung an den Bund sowie dem Finanzausgleich an die Schwesterunternehmen stellen zusammen nur eine Facette der systemimmanenten Benachteiligung der Telekom im internationalen Markt dar. Gravierender noch sind der fehlende Zugang zu den Kapitalmärkten, um die Eigenkapitalquote auf eine vorgeschriebene Höhe zu bringen und den Investitionsbedarf zu decken, die Rechtsunsicherheit bei Auslandsengagements und die Hemmnisse des öffentlichen Dienstrechtes. Allein der Aufbau der Infrastruktur in den neuen Bundesländern und die fortlaufende Modernisierung der Netzstrukturen erfordern einen Zugang zu den internationalen Kapitalmärkten. Mit der Entwicklung einer homogenen paneuropäischen Telekommunikationsstruktur wird der Kapitalbedarf der Telekom sicherlich noch steigen.

Unsere Position in der Diskussion um die Postreform II ist hinreichend bekannt. Die anstehenden Entscheidungen müssen jetzt im politischen Raum gefällt werden. Eines möchte ich Ihnen allerdings jenseits der politischen Konstellationen und unabhängig von den anstehenden politischen Entscheidungen versichern: die Telekom wird den Weg zu einem gleichberechtigten, vollwertigen Wettbewerber, der seine Rolle und Verpflichtung auf dem gemeinsamen europäischen Markt wahrnimmt, unbeirrt fortsetzen. Der Schlüssel hierzu wird die unternehmerische Kultur der Kunden- und Marktorientierung sein.

Telekommunikationsindustrie in Europa: Brauchen wir eine neue Industriepolitik?

H. Baur

1 Einleitung, industriepolitische Situation in Europa

Die Frage „brauchen wir eine neue Industriepolitik?" stellt sich zunächst ganz vordergründig mit der Betonung auf „neue", weil wir am 1. Januar 1993 den Europäischen Wirtschaftsraum, unseren zukünftigen Heimatmarkt Europa, schaffen und wir dadurch in völlig neue, hoffentlich bessere Marktverhältnisse eintreten werden.

Über die Notwendigkeit der Europäischen Gemeinschaft gibt es heute – 35 Jahre nach den ersten Verträgen zu ihrer Gründung – keine Zweifel mehr. Das Ziel der EG, eine „harmonische und ausgewogene Entwicklung des Wirtschaftslebens innerhalb der Gemeinschaft", liegt im Interesse aller Mitgliedstaaten. Auch die derzeitigen Geburtswehen mit der Ratifizierung der neuen Maastrichter Verträge werden den Zug nicht mehr aufhalten.

Für uns als Telekommunikationsherstellerindustrie besonders wichtig ist die Tatsache, daß in den Verträgen von Maastricht nun auch die Industrie bedacht wird (obwohl nur auf einer von ca. 150 Seiten des EG-Vertrages [1]). Es heißt dort z. B. in *Art. 130 (1)*: „Die Gemeinschaft und die Mitgliedstaaten sorgen dafür, daß die notwendigen Voraussetzungen für die Wettbewerbsfähigkeit der Industrie der Gemeinschaft gewährleistet sind..."

Zur Telekommunikationstechnik heißt es in *Art. 129 b (1)*: „Um einen Beitrag zur Verwirklichung der Ziele der Artikel 7 a und 130 a zu leisten und den Bürgern der Union, den Wirtschaftsbeteiligten sowie den regionalen und lokalen Gebietskörperschaften in vollem Umfang die Vorteile zugutekommen zu lassen, die sich aus der Schaffung eines Raumes ohne Binnengrenzen ergeben, trägt die Gemeinschaft zum Auf- und Ausbau trans-europäischer Netze in den Bereichen der Verkehrs-, Telekommunikations- und Energieinfrastruktur bei..."

Demnach soll also für eine leistungsfähige Telekommunikationsinfrastruktur und vor allem dafür gesorgt werden, daß die Telekommunikationsindustrie in der EG wettbewerbsfähig ist und bleibt, wobei die Wettbewerbsfähigkeit weltweit gemeint ist. Hierfür sind u. U. auch Beihilfen erlaubt. In *Art. 92 (3)* heißt es: „Als

---

[1] Europäische Gemeinschaft, Europäische Union. Die Vertragstexte von Maastricht. Europa Union Verlag GmbH, Bonn, 1992.

mit dem Gemeinsamen Markt vereinbar können angesehen werden: ...b) Beihilfen zur Förderung der Entwicklung gewisser Wirtschaftszweige oder Wirtschaftsgebiete, soweit sie Handelsbedingungen nicht in einer Weise verändern, die dem gemeinsamen Interesse zuwiderläuft..."

Ob wir damit nun tatsächlich eine wirksame, neue Industriepolitik einleiten, ist schwer zu beurteilen. Klar erkennbar ist aber der Wille der EG, durch Schaffung geeigneter wirtschaftspolitischer Voraussetzungen zur internationalen Wettbewerbsfähigkeit der Industrie in Europa beizutragen. Auch der Vizepräsident der EG, Hr. Martin Bangemann, betont in seinem neuen Buch „Mut zum Dialog – Wege zu einer europäischen Industriepolitik", daß er eine Industriepolitik in Europa für notwendig hält, um unsere Industrie international wettbewerbsfähig zu erhalten.

Ich kann diese Aussagen aus meiner Sicht nur bestätigen und dazu ergänzen, daß wir eine Industriepolitik nicht nur im Hinblick auf den globalen, sondern auch auf unseren europäischen Markt brauchen. Die Eröffnung des europäischen Binnenmarktes bietet eine einmalige und gute Chance, mit Nachdruck gegen die in Europa und in der Welt bestehenden Wettbewerbsverzerrungen vorzugehen und einheitliche, faire Bedingungen im Telekommunikationsmarkt zu schaffen. Eine gut funktionierende Telekommunikation und eine gut funktionierende Industrie sind schließlich Voraussetzungen für den Wohlstand jedes Landes. Man muß sich allerdings darüber klar sein, daß eine Industriepolitik zur Erreichung dieser Ziele keine einmalige, sondern eine kontinuierliche Aufgabe ist.

2 Position und Wettbewerbsfähigkeit der europäischen Kommunikationstechnikindustrie

Die europäische Telekommunikationsherstellerindustrie hat – entgegen mancher öffentlicher Kritik – eine gute Position im Weltmarkt. Wie Abb. 1 zeigt, liegen drei europäische Firmen (Alcatel, Ericsson, Siemens) neben zwei nordamerikanischen Firmen (AT&T, Northern Telecom) und einer japanischen Firma (NEC) auf den ersten sechs Rängen des Weltmarktes für Kommunikationstechnik. Die genannten europäischen Firmen sind alle weltweit tätig, und man kann davon ausgehen, daß sie ihr Auftragsvolumen überwiegend im harten, internationalen Wettbewerb erringen müssen. Ein internationaler Wettbewerb hat im allgemeinen zwei Phasen: Zuerst muß ein Bieter in der technischen Bewertung gewinnen, anschließend werden die Preise verglichen, die dann zusammen mit den Finanzierungskonditionen über den Zuschlag entscheiden.

Wir beobachten das Ergebnis der großen Ausschreibungen stets sehr sorgfältig, weil es uns Auskunft über unsere Wettbewerbsfähigkeit im Weltmarkt gibt. Bei der technischen Bewertung schneiden wir fast immer sehr gut ab, so daß wir in die sogenannte Short List kommen. Wenn wir dann trotzdem einen Auftrag nicht gewinnen können, liegt es meist daran, daß z. B. unsere Preise höher als diejenigen des günstigsten Anbieters waren, daß die Finanzierung nicht funktionierte, daß andere Länder besonders günstige Soft-Loan-Gelder zur Verfügung stellten, oder an ähnlichem. Dagegen kommen wir dann nicht an. (Die Bundesrepublik stellt

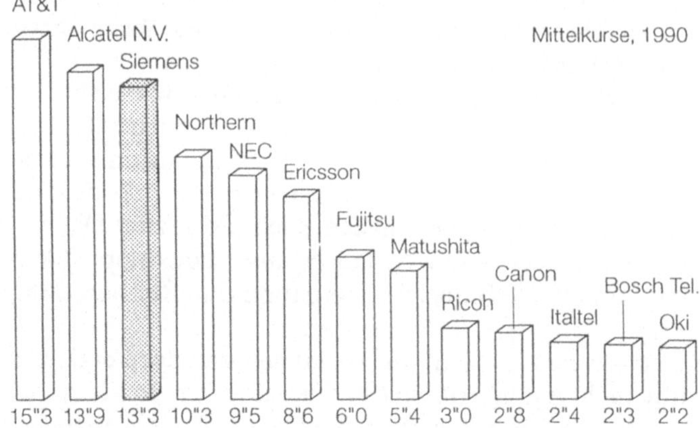

Abb. 1. Weltmacht Telekommunikationstechnik.

z. B. keine Finanzierungen für Aufträge aus China, während andere europäische Länder das seit vielen Jahren in großem Umfang tun.)

Hinsichtlich der Technik hat die europäische Telekommunikationsindustrie prinzipiell keine Defizite gegenüber der Konkurrenz im Weltmarkt. Dies beweisen z. B. die großen innovativen Entwicklungen, wie ISDN, Breitband-ISDN, GSM, DECT usw., die in Europa ihren Ursprung haben und hier auch vorangetrieben werden. Ein anderer Gesichtspunkt ist, wie weit neue technologische Möglichkeiten auch tatsächlich im Markt realisiert werden. Von den drei Schwerpunktregionen des Weltmarktes, der sog. Triade USA, Westeuropa, Japan/Südostasien (Abb. 2), sind die USA, was neue Dienste, Techniken und Technologien anbelangt, nach wie vor führend in der Welt. Wir haben uns u. a. deshalb im US-Markt inzwischen einen Anteil von 10% erarbeitet, mit dem wir uns dort bewähren können und wir dort den Markt mitgestalten und aus ihm lernen können. Der Auftrag der NTT, an dem zukünftigen Breitband-ISDN in Japan mitzuentwickeln, konfrontiert uns mit dem großen Technologie-„Treibermarkt" Japan/Südostasien. Nach unseren Erfahrungen ist die aktive Betätigung in den Treibermärkten eine wertvolle Schulung für die Wettbewerbsfähigkeit im Weltmarkt.

Selbstverständlich ist die Sicherung der Wettbewerbsfähigkeit eines Unternehmens stets die vordringlichste Aufgabe der Unternehmerleitung und der Mitarbeiter. Maßstäbe sind dabei eine hohe Innovationskraft und Produktivität sowie technisch und wirtschaftlich leistungsfähige und erfolgreiche Produkte. Siemens hat sich immer dieser Herausforderung gestellt und durch großes Engagement im FuE-Bereich, ständige Optimierung der Fertigungen, Anpassung der Firmenstruktur, Ausweitung der globalen Aktivitäten und strategische Allianzen seine Position im Weltmarkt ständig verbessert und weiter gefestigt.

Generell kann man sagen, daß die europäische Telekommunikationsindustrie international durchaus wettbewerbsfähig ist und sich im Weltmarkt bisher gut behauptet hat. Wie jedoch die Abb. 3 zeigt, haben sich in der „Welt-Elektroproduktion" in den letzten 10 Jahren die Kräfte zwischen den großen Weltregionen

Weltelektromarkt 1991 nach Regionen

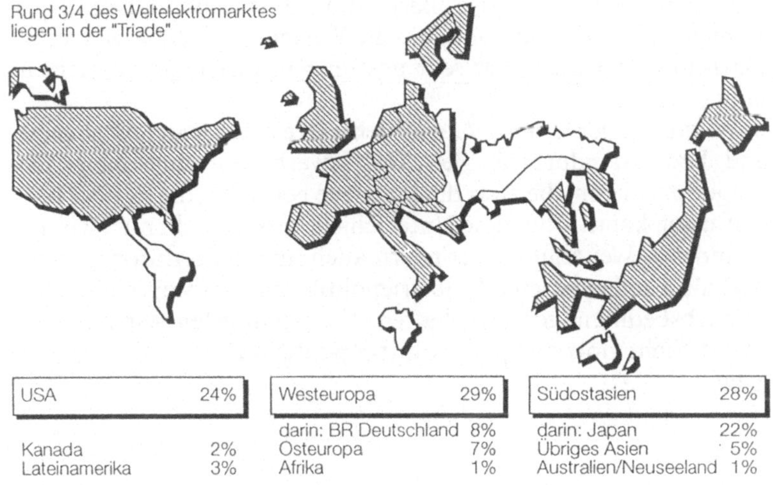

Abb. 2. Welt-Elektromarkt 1991.

Welt-Elektroproduktion 1981 – 1991*

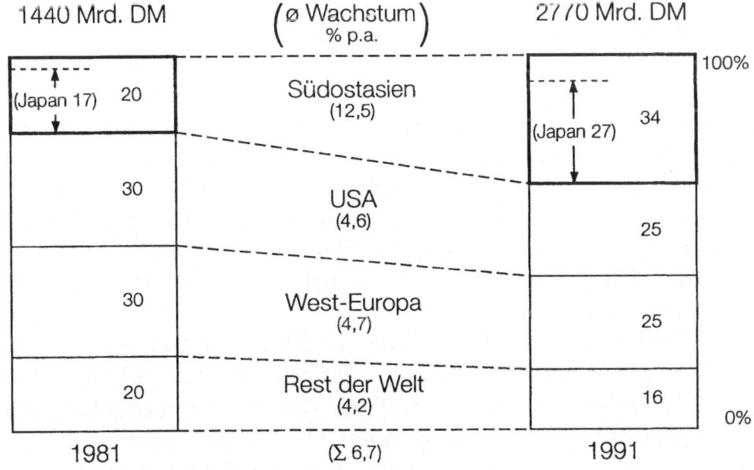

Abb. 3. Welt-Elektroproduktion 1981–1991.   * real, zu Preisen und Kursen 1991

bereits deutlich verschoben, wobei Südostasien – und darin vor allem Japan – seinen prozentualen Anteil erheblich vergrößert hat. Im Telekommunikationssektor ist dies zwar nicht der Fall und das Gewicht Westeuropas auch wesentlich größer. Wir müssen uns aber auch hier sehr anstrengen, international nicht an Boden zu verlieren.

Mit den Anstrengungen der Unternehmen alleine ist es aber leider nicht getan, da je nach Land bzw. Standort für den Wettbewerb sehr unterschiedliche Rahmenbedingungen existieren, die zwar die Industrie betreffen, die sie aber nicht unmittelbar beeinflussen kann. Und diese Unterschiede gibt es nicht nur zwischen Europa und den anderen Weltregionen, sondern auch innerhalb Europas selbst. Wir brauchen deshalb zuallererst eine Industriepolitik, um weltweit einheitliche und faire Wettbewerbsbedingungen zu schaffen. Die wichtigsten Aspekte einer solchen, aus meiner Sicht notwendigen Industriepolitik möchte ich Ihnen im folgenden darlegen.

3 Industriepolitik für die Telekommunikationstechnik in Deutschland bzw. in Europa

3.1 Bedeutung der IuK-Technik bzw. -Industrie

Die erste Voraussetzung, um in Richtung Industriepolitik etwas positiv zu bewegen, ist die Überzeugung aller Beteiligten, daß dies auch sinnvoll und notwendig ist. Daß nämlich eine gut funktionierende Informations- und Kommunikationstechnik sowie eine gesunde IuK-Industrie immer stärker die Wettbewerbsfähigkeit und den Wohlstand eines Landes bestimmen, wird bei der Vielzahl der akuten Tagesprobleme gerade in Deutschland leicht vergessen. Auch daß die IuK-Technik zu einer neuen industriellen Revolution geführt hat, ist vielen noch nicht bewußt geworden. Vor allem die Mikroelektronik hat nämlich inzwischen nahezu alle früheren technischen Geräte um Größenordnungen leistungsfähiger, kleiner und billiger gemacht. Sie ist in Form der Elektronischen Datenverarbeitung und der modernen Kommunikationstechnik bei fast allen Vorgängen des täglichen Lebens im Spiel und unverzichtbar.

Wie Abb. 4 zeigt, beeinflußt die Informations- und Kommunikationstechnik und die ihr zugrunde liegende Mikroelektronik in Deutschland unmittelbar den Markt und die Wettbewerbsfähigkeit der fünf für den Export bedeutendsten Anwenderbranchen (Elektrotechnik, Bürogeräte/EDV, Maschinenbau, Fahrzeugbau, Feinmechanik/Optik), die zusammen ca. 30 % des Bruttosozialproduktes ausmachen. Für die Industrie wettbewerbsentscheidend ist dabei vor allem die Innovationskraft, d. h. daß sie in dem der Elektronik eigenen, rasanten Technologiefortschritt mithalten kann und möglichst in der vordersten Linie steht.

Während die industrielle Revolution der neuen IuK-Technologie in den USA ihren Ursprung hatte und z. B. in Japan frühzeitig vom Staat gefördert und praktisch von der ganzen Nation getragen wurde, stieß sie in Deutschland in den 70er und 80er Jahren auf ein technikfeindliches Klima und fand auch in unserer Wirtschaftspolitik keine entsprechende Resonanz. Wir brauchen deshalb in

Einfluß der Elektronik auf die deutsche Wirtschaft
(1990, ohne NBL)

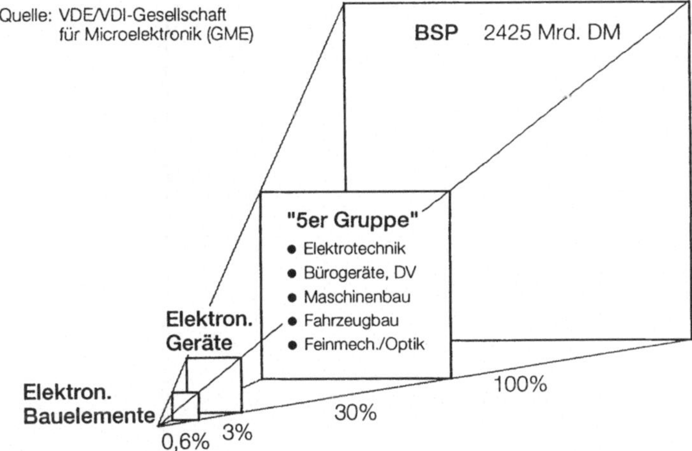

Abb. 4. Einfluß der Elektronik auf die deutsche Wirtschaft.

Deutschland mehr Aufgeschlossenheit für die Chancen, die die moderne Technik bietet, und die Erkenntnis auf breiterer Ebene, daß unsere Arbeitsplätze und unser Wohlstand in entscheidendem Maße von der Wettbewerbsfähigkeit dieser Hochtechnologie-Industrie abhängen und daß dafür auch politische Maßnahmen notwendig sind.

Ein wichtiger Schritt zu einem solchen politischen Konsens war das am 21.9.92 vom Bundestag veranstaltete Hearing über die „Wettbewerbsfähigkeit der deutschen IuK-Industrie". Es nützt jedoch meines Erachtens nichts, den Dialog – wie es auch diskutiert wurde – eventuell auf ein weiteres, institutionalisiertes Gremium zu delegieren. Den notwendigen Konsens zwischen Staat, Wirtschaft und gesellschaftlichen Kräften herbeizuführen, ist eine Führungsaufgabe der Politik, d. h. des Parlaments, des Bundesrates, sowie der Regierungen von Bund und Ländern. Natürlich trifft das auch für die EG zu.

3.2 Offene Märkte, freier Wettbewerb

Die EG hat in Artikel 3a ihres Vertrages „die Einführung einer Wirtschaftspolitik" beschlossen, die „dem Grundsatz einer offenen Marktwirtschaft mit freiem Wettbewerb verpflichtet ist". Ich kann diesen Grundsätzen nur voll zustimmen. Der Wettbewerb ist die große Antriebskraft für jede Weiterentwicklung und somit das Erfolgsrezept für schnellere Innovation, mehr Angebotsvielfalt, mehr Leistung, besseren Service und niedrigere Kosten für die Verbraucher. Außerdem eröffnet er leistungsfähigen Herstellerunternehmen größere Geschäftsmöglichkeiten. Voraussetzung ist allerdings, daß der Wettbewerb unter einheitlichen und fairen Bedingungen stattfindet. Dies ist aber leider heute vielfach nicht der Fall. Wie meine nächsten Ausführungen zeigen, gibt es im internationalen Markt der

Zugänglichkeit des Marktes für
Öffentliche Kommunikationsnetze (Beispiele)

Land	Markt- zugänglichkeit	Firma	Anteil am Heimat- markt	Struktur: Betreiber/ Hersteller
BR Deutschland	relativ leicht	Siemens	38%	getrennt
Italien	relativ schwer	Italtel	40%	quasi vertikal
USA	relativ schwer	AT&T	45%	vertikal (BELL)
Japan	schwer	NEC/Fujitsu	60%	quasi vertikal
Schweden	schwer	Ericsson/Teli	80%	quasi vertikal
Kanada	sehr schwer	Northern Tel.	80%	vertikal (BELL)
Frankreich	sehr schwer	Alcatel	85%	quasi vertikal

Abb. 5. Zugänglichkeit des Marktes für öffentliche Kommunikationssysteme.

Telekommunikation erhebliche Wettbewerbsverzerrungen, deren Beseitigung eine dringende Aufgabe der Politik ist.

In der Telekommunikationstechnik haben sich die für uns als Herstellerindustrie wichtigen, großen Telekommunikationsmärkte der Welt, dies sind die USA, Japan, Deutschland, Frankreich, Großbritannien, Italien usw., aus der Historie heraus zunächst als Monopole, d. h. als mehr oder weniger geschlossene Märkte, entwickelt. Im Zuge der weltweiten Liberalisierung wird nun die Öffnung aller nationalen Märkte propagiert und z. B. in Europa durch EG-Richtlinien gefordert. In der Praxis geht dies aber sehr langsam und unterschiedlich vonstatten. Neue, ausländische Wettbewerber tun sich z. B. schwer, in die Beschaffungsgewohnheiten großer Telekom-Gesellschaften, wie in Japan bei NTT oder in USA bei AT&T, einzudringen. In Europa ist es allerdings nicht minder schwierig. So lehnte es beispielsweise kürzlich France Telecom ab, ausländische Wettbewerber an der Ausschreibung einer neuen Fernsprechergeneration zu beteiligen.

Wie Abb. 5 am Beispiel des Marktes für Öffentliche Kommunikationsnetze zeigt, kann der Anteil der jeweils größten Herstellerfirmen am Heimatmarkt als ein Indikator für die Zugänglichkeit der Märkte angesehen werden. Kleine Heimatmarktanteile bedeuten leichte, große Heimatmarktanteile schwere Zugänglichkeiten für ausländische Firmen. Selbstverständlich ist jede Herstellerfirma an einem großen Heimatmarktanteil interessiert, da er für die strategische Vorbereitung neuer, innovativer Techniken wichtig ist und sich als Kostenvorteil auswirkt, vor allem wenn es sich um große, homogene Märkte wie USA und Japan – im Gegensatz zu dem stark fragmentierten europäischen Markt – handelt. Auch die vertikale Integration zwischen Staat/Netzbetreiber und Hersteller ist für den letzteren von Vorteil und kann ebenfalls verzögernd für die Marktöffnung wirken.

EG-Richtlinie (3.90) für Ausschreibungen öffentlicher Auftraggeber

☐ Europaweite Ausschreibung für Aufträge > 0,6 Mio. ECU ab
1.93 obligatorisch *)

☐ Angebote von außerhalb der EG brauchen nicht berücksichtigt
zu werden, wenn:

- Marktbedingungen im Gegenland nicht reziprok sind

- Wertschöpfung in EG < 50% ist

- Angebot nicht mindestens 3% günstiger als vom
EG-Anbieter ist

*) für die Sektoren:
Wasser und Energieversorgung,
Verkehr, Telekommunikation

Abb. 6. EG-Richtlinie für die Ausschreibung öffentlicher Auftraggeber

Auf der anderen Seite haben die europäischen Netzbetreiber in einem
Positionspapier der ETNO (European Public Telecommunications Network
Operators' Association) vom 9.4.92 zum Ausdruck gebracht, daß sie künftig
einkaufen wollen, „wo immer die Qualität und die Preise stimmen". Und laut EG-
Richtlinie für Beschaffungen Öffentlicher Auftraggeber (Abb. 6) sollen ab 1.1.93
alle Aufträge von mehr als 600000 ECU international ausgeschrieben werden,
wobei die Schutzklauseln gegenüber Nicht-EG-Anbietern – Wertschöpfung in EG
50% und Preispräferenz von 3% – wohl wenig Anwendung bzw. Wirkung finden
werden. Die Richtlinie läßt übrigens weiten Spielraum hinsichtlich der Vergabe-
art, z.B. offene oder beschränkte Ausschreibung, Verhandlungsverfahren, Prä-
qualifikationsverfahren usw. Außerdem ist zu berücksichtigen, daß bisher noch
nicht alle Voraussetzungen für eine wirksame Marktöffnung, insbesondere ein
einheitliches Zulassungsverfahren für technische Einrichtungen, geschaffen werden konnten.

Es wird also für eine sicherlich längere Übergangszeit noch sehr unterschiedli-
che Stadien der Märkteöffnung geben, von de facto weiterhin geschlossenen bis zu
völlig offenen Märkten mit freiem Wettbewerb. Wir erwarten deshalb, daß die
DBP Telekom nicht einseitig und pflichtgetreu ausschreibt, wenn der deutschen
Industrie nicht die gleichen Geschäftschancen in den anderen Ländern eingeräumt
werden. Allerdings müßte die DBP-Telekom – ebenfalls im Sinne gleicher
Wettbewerbsbedingungen – von telekomfremden Belastungen (Subvention von
Postdienst und Postbank sowie Abgaben an den Bund) entlastet werden. Im
übrigen muß der Grundsatz der reziproken Marktöffnung und der Nichtdiskrimi-
nierung sowohl innerhalb der EG als auch im restlichen Weltmarkt gelten!

FuE-Subventionen in der Telekommunikationstechnik

Land	FuE-Beitrag durch Staat bzw. Netzträger
BR Deutschland	10%
Italien	20%
Schweden	35%
USA	50%
Kanada	50%
Japan	50%
Frankreich	60%

Abb. 7. FuE-Subventionen in der Telekommunikationstechnik

3.3 Einheitliche Finanzierung von FuE und sonstige Beihilfen

Im Elektronikzeitalter hängen die Produktkosten in erster Linie von dem hohen FuE-Aufwand (für Hardware und Software) ab. Bei Telekommunikationssystemen übersteigen die FuE-Kosten – abhängig von dem produzierten Volumen – bereits wesentlich die Wertschöpfung in der Fertigung. FuE-Subventionen vom Staat oder Netzbetreiber, gemeinsame Entwicklungen und kostenlose Know-How-Übertragung stellen daher erhebliche Wettbewerbsverzerrungen dar. Wie Abb. 7 zeigt, wird dieses Thema sehr unterschiedlich in der Welt gehandhabt, wobei die deutsche Industrie schlecht abschneidet. Unsere Forderung an die Industriepolitik lautet deshalb, daß diese Beihilfen und Subventionen eingestellt und alle Kosten nur im Preis abgedeckt werden wollten. Falls sich dieses kurz- oder mittelfristig nicht realisieren läßt, muß ein entsprechender Ausgleich für die benachteiligte Industrie gefunden werden. Außerdem sollten Beschaffer bei Angeboten vertikal integrierter Unternehmen prüfen, ob die Preise z. B. durch Quersubvention gesenkt wurden.

Auch sonstige staatliche Beihilfen, wie die Finanzierung von Fertigungsanlagen für bestimmte Techniken sowie die starke politische und finanzielle Unterstützung für Exportprojekte heimischer Industrien, z. B. durch die bereits erwähnten, besonders günstigen Soft-Loan-Kredite, sollten unterbleiben oder weltweit einheitlich gehandhabt werden.

Die FuE-Unterstützung durch europäische Förderprogramme erscheint mir dagegen insgesamt relativ niedrig. Bei Siemens betragen die von der EG und von deutschen Ministerien finanzierten Aufwendungen weniger als 3% unserer Gesamtaufwendungen. Im Hinblick auf den weltweiten technologischen Wettbewerb sollten die EG und auch die Bundesregierung – soweit möglich – die Fördermittel erhöhen. Solche Forschungsprogramme dürfen allerdings grundsätzlich nicht der Entwicklung konkreter Produkte auf Staatskosten dienen, sondern ausschließlich der vorwettbewerblichen Forschung.

3.4 Einheitliche Fusionskontrolle/Kartellgesetze

Wegen der hohen FuE-Kosten der elektronischen Technik können große Kommunikationssysteme nur noch von entsprechend großen Firmen mit hohem Marktanteil und Umsatz finanziert werden. Dies hat bereits im vergangenen Jahrzehnt zu einer starken Konzentration der Industrie geführt, d.h. zu einer Vielzahl von Kooperationen, Joint Ventures und Fusionen. Allerdings sind diese Fusionen bisher nach sehr unterschiedlichen Regeln abgelaufen. Während in manchen Ländern Firmenübernahmen unabhängig von der Größe erlaubt waren oder sogar gefördert wurden, untersagt das deutsche Kartellgesetz jede „marktbeherrschende Stellung". Wir konnten deshalb z.B. seinerzeit die ITT nicht übernehmen.

Eine rein nationale Fusionskontrolle wie in der Vergangenheit kann angesichts der Globalisierung des Telekommunikationsmarktes und wegen der Schaffung des europäischen Binnenmarktes auf keinen Fall mehr richtig sein. Die EG-Kommission hat deshalb im September 1990 eine Fusionskontrollverordnung erlassen, die auf „europa relevante" Fusionen ausgerichtet und zunächst so definiert ist, daß der Umsatz der Zusammenschlüsse über 5 Mio. ECU liegt, mindestens zwei der Unternehmen mehr als 250 Mio. ECU in der EG und keines der Unternehmen mehr als zwei Drittel seines EG-Umsatzes im Heimatmarkt erzielt. Danach bleiben also noch viele Fälle mit nationaler Relevanz übrig, die nach wie vor sehr unterschiedlich gehandhabt werden, da die meisten Länder in Europa bisher überhaupt keine Kartellgesetze hatten und die jetzt eingeführten oder geplanten Gesetze nicht einheitlich sind. Wir fordern deshalb von der Industriepolitik, daß

- erstens das deutsche Kartellrecht an das europäische angepaßt wird und keine stärkeren Restriktionen aufweist, und daß dann
- zweitens in allen anderen europäischen Ländern ein dem europäischen vergleichbares, nationales Kartellrecht eingeführt und auch beachtet wird.

3.5 Anwendungsförderung für innovative Techniken

Der gemeinsame Binnenmarkt in Europa hat vor allem das Ziel, durch eine einheitliche Technik zu „economies of scale" zu gelangen. Dieses Ziel wird jedoch kaum früher als in 10–20 Jahren zu erreichen sein, da die Investitionsprogramme der Netzbetreiber bislang zu unterschiedlich und entsprechend der Einsatzdauer der Systeme auch sehr langfristig sind. Um einen echten, gemeinsamen Markt zu schaffen, müssen die Netztechniken und ihre Schnittstellen zu den Endgeräten harmonisiert und der Infrastrukturausbau in Europa „in Gleichschritt" gebracht werden. Dies wird sicherlich erst mit neuen Systemen, wie ISDN, Breitband-ISDN, GSM usw., möglich sein. Der raschen und einheitlichen Standardisierung neuer Techniken kommt deshalb große Bedeutung zu, und die EG-Kommission sollte dementsprechend die Arbeit des ETSI intensiv fördern.

Die zweite wichtige Voraussetzung für den Geschäftserfolg neuer Techniken ist die Anwendungsförderung und die Aufbereitung des Marktes. Die Herstellerindustrie ist dazu alleine nicht in der Lage. Sie braucht dazu die strategische Allianz

GSM countries*
24 European, 32 non-Europ. countries

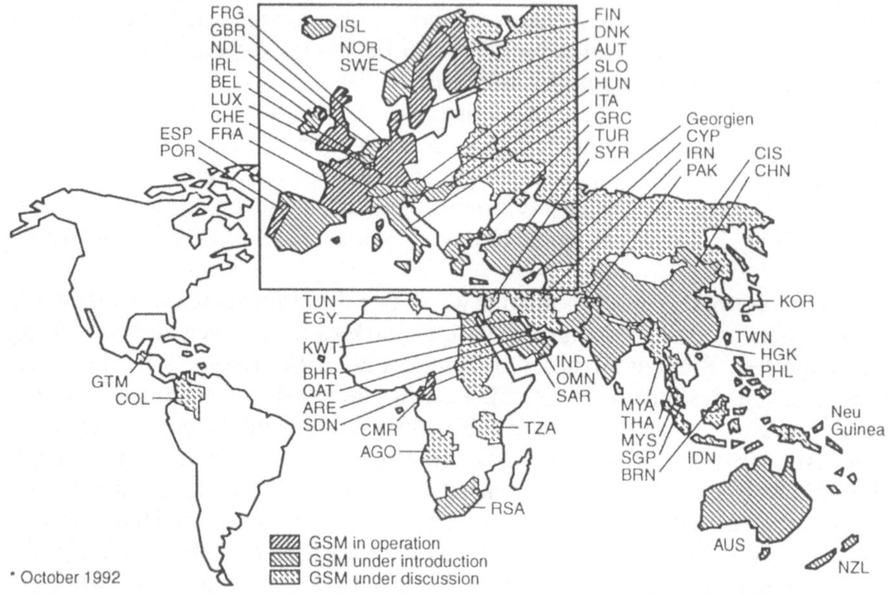

Abb. 8. GSM countries

mit den großen Netzbetreibern, d. h. deren frühzeitige technische und investitions-
politische Weichenstellung, den Feldversuch und die Vorbereitungen für eine
breite Anwendung neuer Techniken. In der Bundesrepublik Deutschland haben
wir beispielsweise die zellulare Mobilfunktechnik viel zu spät eingeführt. Beim
Breitband-ISDN in ATM-Technik waren wir mit dem Berkom-Projekt in Berlin
1989 noch an der Weltspitze. Wir müssen jetzt jedoch aufpassen, daß wir mit der
Pilot- und Serientechnik gegenüber dem Ausland nicht ins Hintertreffen geraten.
Der im März dieses Jahres gegründete „Gesprächskreis Infrastrukturinnovatio-
nen" beim BMPT und der entsprechende „Beirat für Netzstrategien" bei der DBP
Telekom sind gute Ansätze für die Diskussion künftiger Technikstrategien
zwischen Betreibern, Nutzern und Herstellern.

Aus europäischer Sicht bedeutet Anwendungsförderung die Vorbereitung und
Durchführung europaweiter Pilotprojekte, wie die Trans-European Networks
(TEN) zur Verbindung von Integrated Broadband Communication (IBC) Islands
oder das European Pilot ATM Network (EPAN), mit denen innovative Techniken
und Anwendungen auch auf der internationalen Ebene erprobt und für den Markt
vorbereitet werden können. Solche Projekte werden sicherlich wesentlich zu dem
erwähnten Gleichschritt im künftigen Infrastrukturausbau Europas beitragen.
Wie sehr sich übrigens ein europäischer Gleichschritt lohnt, zeigt die Standardisierung und einheitliche Einführung des GSM-Mobilfunks. Neben 24 europäischen
Ländern haben sich bereits 32 nichteuropäische Länder – im Wettbewerb
gegenüber amerikanischen und japanischen Systemen – für unseren europäischen
Standard entschieden bzw. erwägen, ihn einzuführen (Abb. 8).

Auch auf nationaler Basis sollten staatliche Stellen durch „innovative Beschaffung" zur Anwendungsförderung für neue Techniken beitragen. Hierfür bieten sich zahlreiche konkrete Projekte, z.B. aus den Gebieten Optische Telekommunikationsnetze, Bildkommunikation, Bürokommunikation, System- und Netzsicherheit, Verkehrsleit- und -informationssysteme usw., an, die möglichst bald zwischen der Industrie und den entsprechenden Ministerien diskutiert werden sollten. Solche Projekte sind zunächst der einzige Weg, um relativ schnell bei den Gerätestückzahlen und auch in der „Lernkurve" voranzukommen. Ich halte dies für unabdingbar und international nicht wettbewerbsverzerrend, da alle innovativen Länder eine derartige Anwendungsförderung betreiben.

3.6 Nationale Rahmenbedingungen

Die sogenannten Standortfaktoren als nationale Rahmenbedingungen für die Industrie sind schon oft in der Vergangenheit und in letzter Zeit wieder heftig debattiert worden. Tatsache ist, daß sich die relative Wettbewerbsfähigkeit Deutschlands im internationalen Vergleich deutlich verschlechtert hat. Deutschland bietet zwar immer noch günstige „qualitative" Standortfaktoren, wie politische, soziale und Geldwertstabilität, gute Verkehrs- und Kommunikations-infrastruktur usw. Bei den „quantitativen" Standortfaktoren, d.h. bei den Kosten, geraten wir jedoch immer weiter ins Abseits. Im internationalen Vergleich hat Deutschland

- die höchsten Arbeitskosten (Abb. 9a),
- die kürzesten Jahresarbeitszeiten (Abb. 9b),
- die höchsten Steuern,
- die geringsten Unternehmenserträge,
- die kürzesten Maschinenlaufzeiten,
- die längsten Fehlzeiten,
- die jüngsten Rentner und
- die ältesten Studenten.

Zu den Arbeitskosten ein Beispiel aus Indien: Dort arbeiten derzeit Software-Ingenieure bei Siemens Nixdorf 47 Stunden in der Woche mit gleicher Produktivität wie in Deutschland, aber zu einem Zehntel der Kosten. Etwa gleiche Kostenrelationen finden wir „vor unserer Haustüre", z.B. in der Tschechei, vor.

Es wird zwar oft argumentiert, daß wir uns alle höheren Kosten bei entsprechend höherer Produktivität, besserem Management usw. leisten könnten. Aber gerade in diesen Qualitäten stehen uns unsere Hauptkonkurrenten längst nicht mehr nach. Für Fertigungen fallen zwar die Standortfaktoren wegen immer stärkerer Automatisierung und Kapital- statt Personalorientierung nicht mehr so ins Gewicht, in der Entwicklung sind sie jedoch sehr relevant. Ich halte es deshalb für wichtig, daß unsere Politiker und auch die Öffentlichkeit die Notwendigkeit der Kostenbegrenzung in Deutschland richtig erkennen und sich entsprechend verhalten. Unsererseits tun wir alles, um das Abwandern von Aktivitäten in das Ausland zu begrenzen und so viel Wertschöpfung wie möglich in Deutschland zu halten.

Lohnkosten-Konkurrenz 1990

Arbeitskosten (Lohn- und Lohnnebenkosten) in der Industrie 1990 in DM je Stunde

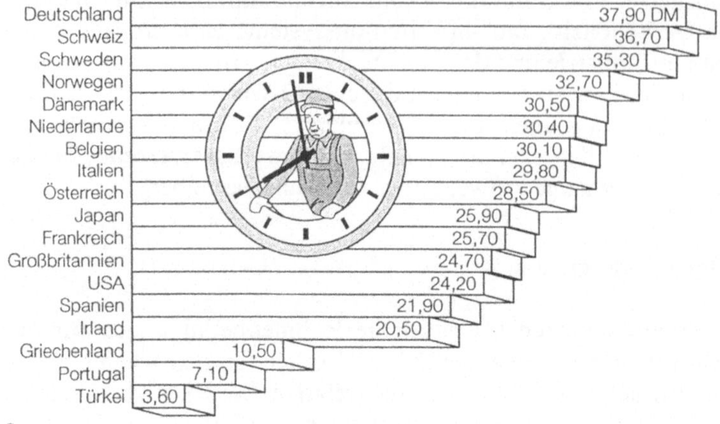

a

Das Jahres-Arbeitspensum

Tarifliche Jahresarbeitszeit für Industriearbeiter 1991 in Stunden (Stand November)

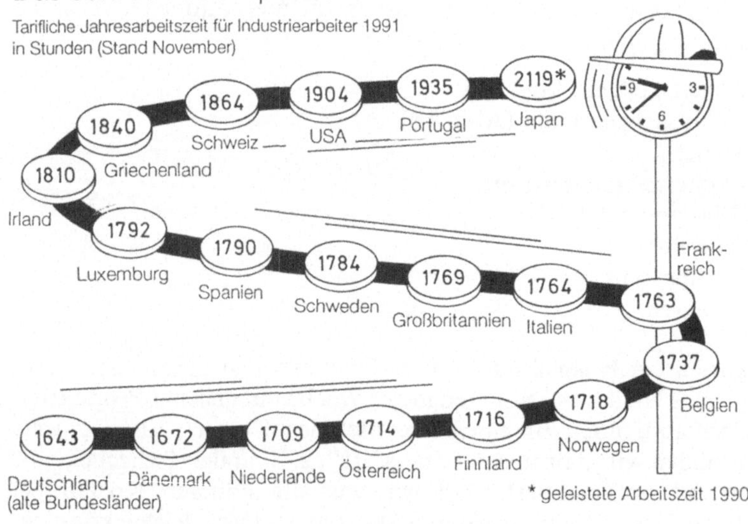

b

Abb. 9. Arbeitskosten und Jahresarbeitszeiten

4 Zusammenfassung

Meine Damen und Herren, lassen Sie mich die wichtigsten Aussagen meines Vortrages nochmals zusammenfassen:

1. Über die große Bedeutung der Informations- und Kommunikationsindustrie und die Notwendigkeit industriepolitischer Maßnahmen ist ein Konsens zwischen Staat, Wirtschaft und gesellschaftlichen Kräften erforderlich.
2. Der weltweite, freie Wettbewerb im Telekommunikationsmarkt ist notwendig und für alle Beteiligten von Nutzen. Voraussetzung ist jedoch die Beseitigung der derzeit im Weltmarkt vorhandenen Wettbewerbsverzerrungen.
3. Die nationalen Märkte müssen unter fairen und nichtdiskriminierenden Bedingungen geöffnet werden. Dies gilt nicht nur für Westeuropa gegenüber der Welt, sondern vor allem auch für Westeuropa selbst. Hier sind wir de facto noch weit von einem gemeinsamen Markt entfernt. Wir erwarten von der Industriepolitik, daß hier zwar nicht über-reguliert wird, daß aber die Spielregeln weiter vervollständigt und auch wirklich einheitlich durchgesetzt werden. Die weltweiten GATT-Verhandlungen müssen auf das gleiche Ziel wie die entsprechenden EG-Richtlinien ausgerichtet sein.
4. Stark wettbewerbsverzerrend sind die bisher sehr unterschiedlichen FuE-Subventionen und politischen wie finanziellen Exportunterstützungen. Entweder sollten alle Subventionen und Beihilfen entfallen, oder es muß ein Ausgleich für benachteiligte Industrien gefunden werden.
5. Wichtig ist die nationale und europäische Anwendungsförderung für neue Techniken durch frühzeitige technische Weichenstellungen, innovative Pilotprojekte und „innovative Beschaffungen", und schließlich:
6. Die deutsche Regierung und sonstige Institutionen müssen dazu beitragen, daß sich der Standort Deutschland nicht weiter verteuert und der Wettbewerb für unsere Industrie nicht zusätzlich erschwert wird.

Meine Damen und Herren, unter der Voraussetzung einer ausgewogenen Industriepolitik – wie ich sie Ihnen dargelegt habe – bin ich überzeugt, daß die deutsche Telekommunikationsindustrie, die bereits bisher ihre Leistungs- und Anpassungsfähigkeit bewiesen hat, auch in der Zukunft den Wettbewerb im Weltmarkt gut bestehen wird.

Die Zukunft der Telekommunikationsindustrie im technologischen und wirtschaftlichen Wandel

J. Cornu

Die heutige Situation der Telekommunikationsindustrie ist gekennzeichnet durch eine ganze Reihe von Widersprüchen und eine Anzahl schizophrener Situationen.

Zunächst gibt es Gegensätze zwischen der Evolution der öffentlichen und privaten Netze. Heute hat praktisch jedermann einen PC auf seinem Schreibtisch und diese PC sind in den meisten Fällen durch LANs verbunden, die mit einer Übertragungsrate von 10 Mbit/s arbeiten. Diese LANs sind dann wieder untereinander mit Leitungen verbunden, die Geschwindigkeiten von bis zu 100 Mbit/s erlauben.

Heute haben öffentliche Netze eine sehr beschränkte Kapazität, um Verbindungen mit solchen Geschwindigkeiten zur Verfügung zu stellen. Digitale Vermittlungsstellen stellen Dienste mit 64 Kbit/s zur Verfügung und Kupferleitungen zum Teilnehmer sind heute auch auf diese Geschwindigkeit beschränkt oder lassen bestenfalls Übertragungsraten von 2 Mbit/s zu.

In der Zwischenzeit wächst der LAN-Markt um 20 % pro Jahr. Zugleich aber wächst die Benutzung von ISDN nur sehr langsam, auch wenn ISDN für den Daten- und Sprachverkehr von kleinen Unternehmen eine perfekte technische Lösung darstellt. Wir brauchen also einerseits 100 Mbit/s, aber zugleich ist es schwierig, 64 Kbit/s zu verkaufen. Ebenso klar ist mit diesem Beispiel, daß die Einführung der neuen Technologien nicht ganz reibungslos geschieht.

Ein zweiter Widerspruch entsteht durch den Einfluß der Regulierungsbehörden. Von dem Moment an, in dem „Wettbewerb in der Telekommunikation" als einer der „Hauptziele der Menschheit" proklamiert wurde, haben wir Vorteile erwartet, speziell in den Ländern, die auf dem Gebiet führend sind. Aber was stellen wir fest? Zunächst, daß diese Behörden sich nicht nur um den freien Wettbewerb sondern auch – und vielleicht sogar mehr – um das Schaffen von Einschränkungen für die existierenden Netzbetreiber kümmern, was das Anbieten von neuen Diensten betrifft.

Ein Musterbeispiel ist die Kombination von Sprachverkehr und Kabelfernsehen auf einer einzigen Glasfaser zum Kunden. Diese Kombination ist technisch und ökonomisch sehr vorteilhaft und erlaubt die Einführung der Glasfaser für Verbindungen zum Kunden auf wirklich ökonomischer Basis. Dies läßt dann wiederum zu, die Netze wirklich für die Zukunft vorzubereiten.

Aber auch hier enttäuscht wieder die Wirklichkeit: Diese Kombination von Sprachverkehr und Kabelfernsehen ist in vielen Ländern untersagt, wenigstens für die bestehenden Netzbetreiber. Dieses Beispiel trifft natürlich auch für die

Vereinigten Staaten zu. Dort, nach einer längeren Periode sogenannter Deregulierung, haben wir noch immer einen dominanten Betreiber für den Telefon-Fernverkehr und im lokalen Bereich praktisch noch immer eine Monopolsituation für die RBOCs. Es ist auch ironischerweise festzustellen, daß nach den vielen Maßnahmen der Behörden in Großbritannien, der Anteil der Bevölkerung, die über einen Telefonanschluß verfügt, sich verringert hat. Noch mehr überrascht die Feststellung, daß diese Behörden absolut kein Interesse zeigen für die Tatsache, daß eine Anzahl der wichtigsten Lieferanten durch Netzbetreiber kontrolliert werden und daß es Subventionen zwischen den beiden Aktivitäten gibt.

Diese „schizophrene" Sichtweise, was „fairer Wettbewerb" ist, beschränkt sich nicht auf dieses Beispiel. Auch der Bereich der Normierung zeigt viele Widersprüche. Durch die Tatsache, daß Netze, Systeme und Protokolle viel komplizierter geworden sind, hat die Normierung bekanntlich stark an Bedeutung zugenommen. Dazu kommt noch, daß eine Anzahl Leute – vor allem in der EG – Normierung als eine Möglichkeit sehen, um den Wettbewerb zu erhöhen.

Zugleich war es in den letzten Monaten unmöglich das Problem der „Intellectual Property Rights" zu lösen und damit zu vermeiden, daß Normen jenen Unternehmen unfaire Vorteile verschaffen, die im Besitze sogenannter grundlegender Patente sind. Normen sollten eigentlich zu Kostensenkungen Anlaß geben, weil sie für größere Volumen von einem standardisierten Produkt sorgen. In Wirklichkeit sind aber durch ETSI in vielen Fällen zu viele Schnittstellen definiert worden, so daß die Kosten der Dienste erhöht wurden. ISDN ist ein Beispiel dafür: jede Schnittstelle kostet Geld.

Normen wird unterstellt, die Situation des Normenanwenders zu vereinfachen. Mit zu vielen Schnittstellen wird die Situation aber komplizierter. Wenn wir die Situation der Netzbetreiber betrachten, finden wir andere Widersprüche. Auf der einen Seite zeigt sich ein sehr positives Bild: mehr Verkehr, niedrigere Preise für Ausrüstungen, die zudem weniger Platz und weniger Wartung brauchen. Mehr Dienste werden angeboten, so daß die Rendite immer steigt.

Auf der anderen Seite sieht die Bilanz von vielen dieser Netzbetreiber nicht sehr gut aus, weil Abgaben an andere staatliche Dienste oder sogar direkt an den Staat zu leisten sind. Dadurch sind Netzbetreiber gezwungen, ihre Investitionen zu beschränken, auch wenn ihr Geschäft sich positiv entwickelt und sich gleichzeitig viele neue Bewerber um Netzbetreiberlizenzen bemühen.

Es besteht auch ein Widerspruch zwischen der Tatsache, daß einerseits Netzbetreiber – und darunter auch die größeren! – versuchen, Allianzen zu schaffen, um weltweit Dienste anzubieten – und dies sogar als unabdingbar für ihr Überleben ansehen – und der Tatsache, daß andererseits mehr und mehr Lizenzen an kleine lokale Netzbetreiber vergeben werden. Diese widersprüchlichen Bestrebungen sind vor allem in den USA erkennbar. Man muß sich fragen, wo die optimale wirtschaftliche Größe der Netze liegt und ob es schlußendlich nicht nur einige größere regionale oder weltweite Netzbetreiber geben wird. Man vergleiche nur die Entwicklung der Fluggesellschaften in den USA, wo noch gerade 7 übrig bleiben. Diese Tendenz gibt es auch bei Netzbetreibern. Der Eintritt von Bell Canada in Mercury gibt einen klaren Vorteil für NT. Der Eintritt von AT & T in McCaw Mobilfunk ist ein Vorteil für AT & T Network Systems und Unisource ist ein klarer Vorteil für LME in den Niederlanden.

Wenn das der Fall sein könnte, dann muß man sich fragen, ob es die Mühe lohnt, jetzt zu versuchen, die Anzahl der Wettbewerber möglichst zu erhöhen, insbesondere wenn man feststellt, daß dies oft zu unwirtschaftlichen Lösungen führt.

Wenn man jetzt die Situation der Hersteller betrachtet, ist es klar, daß die Evolution der Technologie und insbesondere der erhöhte Softwareinhalt der Produkte zu einer notwendigen Erhöhung des kritischen Marktanteils führt.

Zu gleicher Zeit versucht die EG-Generaldirektion IV Fusionen zu verhindern, die nach ihrer Ansicht zu hohe Marktanteile in bestimmmten EG-Ländern zur Folge hätten. Darin gibt es zwei Widersprüche. Die EG-Kommission, die eigentlich im Interesse der Europäer arbeiten soll, schafft eine Anzahl Beschränkungen für Europäische Unternehmen, Beschränkungen, die sie amerikanischen oder japanischen Unternehmen nicht ohne weiteres auferlegen kann. Dazu kommt, daß die EG beim Versuch, den Einheitsmarkt zu schaffen, ihr Urteil auf Marktanteilen in den individuellen Staaten basiert. Dies führt mich zu einem anderen Widerspruch und dieser betrifft die Öffnung der Märkte.

In den letzten Jahren ist viel über die Öffnung des Europäischen Marktes der Telekommunikation durch den Erlaß der „Public Procurement Directive" der EG geredet worden. „Festung Europa" ist ein Spruch, der von Außereuropäern oft benutzt wird, um den sogenannten geschlossenen Markt zu beschreiben. Die EG kümmert sich nicht um die Frage, ob die anderen Märkte, wie z. B. USA oder Japan, wirklich offen sind. Die Wirklichkeit ist ganz anders. Heute ist Europa der Markt mit der größten Vielfalt an Herstellern. Um auf 80 % Marktanteil in der Vermittlungstechnik zu kommen, muß man die Marktanteile von wenigstens 5 Herstellern zusammenzählen. In den USA haben zwei Hersteller 80 % Marktanteil und in Japan liefert eine feste Gruppe von Unternehmen ein einziges System an NTT. Dazu kommt, daß eine Anzahl von Märkten völlig geschlossen ist. Man kann sich also fragen, warum wir Festung Europa und nicht Festung Japan oder Festung USA diskutieren? Für die Zukunft der Telekommunikationsindustrie ist es wichtig, daß diese Widersprüche gelöst werden.

Eine Anzahl neuer Techniken ist in Entwicklung oder steht schon zur Verfügung: GSM, SDH und ATM. Es ist klar, daß diese neuen Techniken revolutionäre Änderungen der Netze ermöglichen und den europäischen Industrie- und Privatbenutzern neue Breitbanddienste sowie Mobildienste zu erschwinglichen Preisen bieten können. Auf diese Weise kann man auch eine Anzahl Probleme unserer Gesellschaft lösen, speziell die Transportprobleme.

Um dies zu erreichen, muß man aber die Widersprüche lösen, die ich oben erwähnte. Zuerst müssen Netze und Dienste so geplant werden, daß sie die Möglichkeiten der neuen Technologien optimal nutzen. Zwei Fehler müssen vermieden werden: Der erste ist, die Dienste auf die bestehenden Netze zu beschränken, der andere ist die Schaffung eines apokalyptischen Netzes von Kabeln und Antennen.

Dazu bedarf es einer Behörde, die Entscheidungen aus wirtschaftlichen und nicht aus politischen oder gesetzlichen Gründen trifft. Nach meiner Ansicht ist es sogar notwendig, noch einen Schritt weiter zu gehen und die makroökonomischen Folgen zu betrachten und eine Erhöhung der Benutzung von kommunikationstechnischen Lösungen anstelle des physischen Transports anzustreben. Die

Verfügbarkeit von Bildtelefon und die erhöhte Benutzung von Videokonferenzen kann viele Arbeitsstunden sparen, den Treibstoffverbrauch erniedrigen und eine weitere Dezentralisierung von Diensten zulassen.

Um diese neuen Dienste mit Erfolg einzuführen, ist es notwendig, die Geräte beim Kunden auf einfache und billige Weise mit dem Netz zu verbinden. Eine Vielfalt von komplexen und teuren Standard-Schnittstellen muß vermieden werden. Die Normierung sollte sich auf essentielle Dienste konzentrieren und nicht auf 100 hypothetische Dienste, wie es im Moment das ETSI im Fall von ISDN tut.

Wenn man annimmt, daß die Anzahl der Netzbetreiber nach einer kurzen Wachstumswelle schlußendlich doch wieder beschränkt sein wird, dann bedeutet dies, daß es wahrscheinlich unrealistisch ist, für eine zu große Dispersion des Transportnetzwerks zu planen. Dies trifft natürlich nicht zu für die Dienste. Das Netz soll so ausgelegt werden, daß der Zugriff für Dienstanbieter so einfach wie möglich ist.

Was die Verbindungen zwischen Netzbetreiber und Hersteller betrifft, muß man sich klarmachen, in welchem Szenario wir uns befinden. Wenn wir in diesem Szenario von stärkeren Verbindungen zwischen Netzbetreiber und Hersteller bleiben, dann wird es wahrscheinlich in der Zukunft nur wenige Netzbetreiber-Verbindungen mit nur wenigen Herstellern geben. Die jetzige gemischte Situation ist deutlich unfair für Hersteller, die nicht Eigentum von Netzbetreibern sind.

Was die Öffnung der Märkte betrifft, ist es klar, daß die EG es unterlassen hat, gleiche Chancen für die europäische Industrie zu schaffen. Seit die Directive „Public Procurement" publiziert wurde, ist kein Fortschritt in der Diskussion mit den USA oder Japan erzielt worden.

Zusammenfassend möchte ich sagen, daß die Zukunft der Telekommunikationsindustrie bedroht wird von einer Überdosis an Ideologie, Regulierung und Mißachtung der Ökonomie. Wenn dies so weiter geht, wird es unmöglich sein, die Vorteile, die durch die neuen Technologien ermöglicht werden, wirklich zu erzielen. Es ist für einige höchste Zeit, die Fahrtrichtung zu korrigieren.

Für die Zukunft der EG-Telekommunikationsindustrie ist es notwendig, eine Anzahl von Problemen zu lösen.

- Erstens sollte es möglich sein, neue technologische Lösungen einzuführen, die nicht von unwirtschaftlichen Regulierungen gehemmt werden.
- Zweitens ist es notwendig, daß die Netzbetreiber die Möglichkeit behalten, in ihre Netze zu investieren, sonst werden sie selbst die Vorteile der neuen Technologien nicht realisieren und es würde die Position der europäischen Hersteller weiter geschwächt.
- Zum Dritten brauchen wir einen Normierungsprozeß, der wirklich auf Dienste gerichtet ist.
- Viertens brauchen wir einen klaren Rahmen für die Verbindungen zwischen Netzbetreiber und Hersteller.
- Fünftens brauchen wir weltweit offene Märkte und nicht nur in Europa.

Podiumsdiskussion

Worin liegt die Herausforderung des Europäischen Binnenmarktes?

Prof. Witte:

Die Antwort auf diese Frage ist nicht einfach. Viele der Herausforderungen und Probleme existieren bereits jetzt, bevor es Veränderungen auf dem europäischen Binnenmarkt gibt. Aber das Datum 1. Januar 1993 ist ein willkommenes Signal, die Dinge neu zu überdenken und sich auf die Zukunft einzustellen.

Es wird sich nicht soviel ändern, wie die Enthusiasten erwarten, aber es wird einen kontinuierlichen Änderungsprozeß geben, der bereits vorauseilend begonnen hat und der sich fortsetzen wird. Es ist ja auch Kontinuität nötig, denn die Wirtschaft verträgt keine ruckartigen Veränderungen. Das bisher Gewachsene soll nicht zerreißen, sondern sich der neuen Entwicklung anpassen. Die Politiker und Topmanager, die die Verantwortung für Milliardenumsätze, die Betreuung von vielen Millionen Teilnehmern und schließlich auch die Arbeit von Tausenden von Mitarbeitern zu tragen haben, sind bereits auf die Öffnung des europäischen Binnenmarktes eingestellt und werden sich den weiteren Veränderungen widmen. Deshalb möchte ich als ersten Herrn Dr. Baur als Vorstand einer sehr großen Unternehmung der Nachrichtentechnik fragen, wie die Herausforderung aus seiner Sicht zu beurteilen ist.

Dr. Baur:

Meiner Meinung nach ist es relativ einfach, diese Frage zu beantworten, wenn man sich die Entwicklung der IuK-Industrie in der Welt ansieht. Die führende Nation ist nach wie vor Amerika. Die zweite ist Japan und dann erst kommen die europäischen Länder.

Der riesige Markt Amerikas war und ist der große Treiber für die IuK-Technik. Ein Volumen von 240 Millionen Menschen mit einem relativ großen Geldbeutel hat einfach die Chance, einen Markt voranzubringen, der ja nicht dereguliert werden mußte, der schon dereguliert war. Jedermann konnte an jedem Platz ohne Beschränkung verkaufen. Die Standards waren einheitlich. Die Zahl der Line Units in den USA liegt ungefähr zwischen 12 und 14 Millionen Anschlüssen pro Jahr. Das gleiche gilt im übertragenen Sinne für Japan mit 120 Millionen Menschen.

Was wir Europäer nun suchen, ist ein vergleichbarer Markt. Da schreibt die EG immer wieder, im Prinzip haben wir den größten Markt in der Welt mit 350 Millionen Menschen. Damit ist die EG ein größerer Markt als Amerika, nur ist dieser Markt heute total zersplittert. Alles, was bisher geschehen ist in Europa – Herr Cornu hat dies auch gesagt – hat den Markt nicht geöffnet. Wenn wir nicht dazu kommen, daß wir europäischen Hersteller an alle Verwaltungen in Europa anbieten können, unter gleichen Wettbewerbsbedingungen und gleichen technischen Regeln, dann entsteht das Europa für uns nicht. Die Industrie ist damit in großer Gefahr, den internationalen Wettbewerb nicht bestehen zu können, wenn sie nicht in den Wettbewerb außerhalb Europas geht. Dies war ja im übrigen auch eine der Triebfedern für die europäische Industrie, ins Ausland zu gehen. Dort sind große Volumina zu holen, die man eben in den europäischen Nachbarstaaten nicht bekommen konnte. Vielleicht noch eine Bemerkung: Die Probleme liegen nicht bei den kleinen Ländern, die kaufen ein, weil sie keine eigene Industrie tragen können. Die Probleme liegen in den großen Märkten Europas. Und hier erwarten wir ganz klar die Deregulierung durch die EG. Wenn diese nicht stattfindet, findet Europa nicht statt.

Prof. Witte:

Vielen Dank, Herr Dr. Baur. Ich möchte anschließend direkt Herrn Cornu fragen, der im Vorstand des größten europäischen Herstellers von Telekommunikationssystemen tätig ist. Stimmen Sie, Herr Cornu, mit dem überein, was uns Herr Dr. Baur soeben vorgetragen hat? Gibt es Unterschiede in dem Verhältnis zwischen der herstellenden Industrie und dem Betreiber des Telekommunikationsnetzes? Gibt es eine besondere Nestwärme zwischen Ihrem Unternehmen und France Télécom, wie immer wieder behauptet wird?

Herr Cornu:

Ich bin ja kein Franzose, aber wenn man die Situation in Frankreich betrachtet, dann gibt es da eine spezielle Situation. Das erklärt auch die Zahlen von Herrn Dr. Baur. France Télécom investiert selbst sehr viel in die Entwicklung. Zum Teil ist das Softwareentwicklung für Anwendungen in ihrem Netz. Die France Télécom hat sehr stark in eine Anzahl von Software-Unternehmen investiert. Aber das nützt natürlich der Industrie überhaupt nichts, denn das ist nur für France Télécom. Es gibt auch Hardwareentwicklungen, aber die sind ganz intern France Téléccom und deren Verbindung mit Alcatel ist eigentlich fast Null. Diese Entwicklungen kommen eigentlich mehr den kleineren Unternehmen in Frankreich zugute. Wenn man die Zahlen bezüglich der Finanzierung von Forschung und Entwicklung ansieht, so kann man sagen, daß der Teil, den wir als Alcatel bekommen, sehr niedrig ist. Ich würde fast sagen, es ist weniger, als die Firma Siemens in Deutschland bekommt. Ich bin mir da eigentlich ziemlich sicher. Auch dort ist es wieder so, daß France Télécom Programme macht, die aber zum Teil nicht mit uns, sondern mit anderen Herstellern laufen. France Télécom betrachtet Alcatel als ein weltweites Unternehmen und meint, Alcatel soll ihre eigene Forschung finanzieren. Ich kann Ihnen da ein perfektes Beispiel geben: Es gibt in Frankreich ein erstes ATM-Programm für LAN-Verbindungen. Da hat France Télecom zwei Aufträge vergeben. Der erste Auftrag ist in der Form eines Forschungskontraktes an Thomson vergeben worden. Der zweite wurde an uns vergeben, einfach als ein Auftrag ohne jegliche Förderung der Forschung und Entwicklung für ein solches Produkt. Ich zögere überhaupt nicht, irgendwelche Zahlen auf den Tisch zu legen. Außerdem möchte ich zur Situation in Frankreich folgendes sagen: Herr Dr. Baur nannte einen Marktanteil von 85%. Da muß man natürlich aufpassen. Frankreich ist das Land, das bei weitem zuerst die Digitalisierung seines Netzes durchgeführt hat. Dies geschah zu einer Zeit, als das System noch von CNET entwickelt wurde. Das heißt, wenn man die Zahlen von Deutschland und Frankreich vergleicht, dann ist Frankreich weit voraus, was die Digitalisierung des Netzes betrifft, und das ist nun einmal mit dem E 10-System erreicht worden. Das heißt, in der Vermittlungstechnik besteht eine historische Situation. Was all die anderen Ausschreibungen betrifft, z.B. in der Übertragungstechnik, da wurden internationale Ausschreibungen durchgeführt. Nun zum Beispiel von Herrn Dr. Baur, die Telefongeräte betreffend: Dieses Beispiel war mir nicht geläufig, ich muß sagen, wir haben in Frankreich unsere Fertigung von Telefongeräten verkauft. Wir würden da eventuell auch als Auslandsanbieter anbieten.

Prof. Witte:

Vielen Dank, Herr Cornu. Die Frage nach der Forschung und der Entwicklung ist nun bereits mehrfach angeklungen. Es gibt zwei Systeme zur Organisation der FuE-Kompetenz. Die traditionelle Regelung besteht darin, daß die herstellende Industrie die Forschung und Entwicklung trägt, auch die damit verbundenen Kosten vorlegt, dabei keine Subventionen vom Staat erhält, dann aber natürlich in den Preisen der Industrieprodukte die FuE-Kosten einkalkuliert und im Erlös deckt. Das Gegenmodell besteht darin, daß die Betreiber der Telekommunikationsnetze die Forschung und Entwicklung selbst übernehmen, auch die damit verbundenen Kosten tragen und die weitgehend entwickelten Industrieprodukte in Auftrag geben.

Ich frage nun Herrn Dr. Neumann als Nationalökonom: Wie sehen diese alternativen Lösungen aus der Sicht der Wirtschaftstheorie und der Ordnungspolitik aus?

Dr. Neumann:

Das sind in der Tat zwei Fragen. Wo stehen wir, und was sind die langfristigen Strukturen, die sich durchsetzen werden? Ich glaube in der Tat, daß das französische Modell – daß der Netzbetreiber doch den größeren Teil der nationalen FuE betreibt und sie dann in irgendeiner Form an die Industrie, von der er beschafft, transformiert – keine Zukunft hat. Denn wenn die herstellende Industrie zunehmend eine Industrie ist, die sich am Weltmarkt behaupten muß, so steht dem eine national orientierte FuE-Orientierung des Netzbetreibers letztendlich entgegen. Insofern glaube ich, daß sich die Alternativen anders stellen. Ich glaube, daß einige Netzbetreiber, und dazu zählt mit Sicherheit der deutsche Netzbetreiber, die Deutsche TELEKOM, noch viel zu wenig in FuE engagiert sind. Ich glaube aber nicht, daß sie sinnvoll beraten wären, wenn sie ihr Engagement so ausrichten, daß sie jetzt versuchen, etwa das FuE-Modell von

France Télécom nachzuentwickeln. Darin liegt nicht die Zukunft. Die Intensivierung von FuE durch den Netzbetreiber sollte mehr im dienstenahen Bereich sein. Viel mehr Ressourcen sind im Bereich der Standardisierung geboten. Da hat auch Herr Dr. Baur richtigerweise die Hand auf eine Wunde gelegt. Die Ressourcen, die auch durch Netzbetreiber in die Standardisierung fließen, sind immer noch nicht ausreichend. Wir dürfen uns nicht immer nur auf die kritischen Punkte, in denen wir uns in Europa befinden, besinnen. Wir müssen auch die konstruktiven Elemente, die Erfolge, identifizieren. Eine der Erfolgsstories, die wir in der europäischen telekommunikationsindustriellen und Diensteentwicklung haben, ist das GSM-System und seine weltweite Akzeptanz. Eines seiner Erfolge war die Bündelung von Ressourcen, von Entscheidungs- und Gestaltungsressourcen zur Entwicklung dieses Standards. Dessen müssen wir uns bewußt sein und auch erkennen, daß die Amerikaner dieses als Defizit ihres Systems sehen. Ich würde unter mittelfristiger Perspektive von der neuen amerikanischen Administration erwarten, daß sie ganz neue Anstrengungen unternimmt, damit Standardisierungsprozesse auch in den USA viel zügiger gehen. Das heißt für uns in Europa, wenn wir an diesem Teil des Erfolges der europäischen Entwicklung weiter partizipieren wollen, müssen wir den Prozeß der Bündelung von Ressourcen in gemeinsame Standardisierung noch vielmehr intensivieren.

Prof. Witte:

Vielen Dank. Es wird immer deutlicher, daß die technischen Standards gleichsam die Spielregeln für den Wettbewerb sind. Bevor nicht ein für alle verfügbarer Standard vorliegt, würde man aneinander vorbei entwickeln. Auf dieser Grundlage kann dann der Wettbewerb als Beschleunigungsmaschine aufgesetzt werden. Herr Ricke hat uns dazu bereits ein eindrucksvolles Beispiel gegeben: Nachdem der europaweite Standard für den digitalen zellularen Mobilfunk (GSM) entwickelt worden war, ist der Wettbewerb sehr schnell in Gang gekommen und heute sind bereits Endgeräte für DM 1000,– erhältlich. Dies bedeutet doch, daß irgendwelche Beschleuniger am Werke waren. Das Ergebnis kann sich sehen lassen: In Deutschland ist in kürzester Zeit das größte zusammenhängende digitale Mobilfunksystem entstanden.

Darf ich an diese Entwicklung anknüpfen und Herrn Ricke fragen: Welches ist aus Ihrer Sicht die bedeutendste Herausforderung, die der europäische Binnenmarkt auslöst?

Herr Ricke:

Die Frage möchte ich etwas holzschnittartig mit der fast banal klingenden Überschrift, daß es gilt, die gewaltige Chance, die in diesem Europäischen Markt steckt, zu nutzen, beantworten. Ich will das an wenigen Werten festmachen. Wir haben zur Stunde einen Anteil am Brutto-Sozialprodukt mit Telekommunikation in der EG von knapp 3 %. Ende des Jahrzehnts sind es etwa 7 %. Das heißt, hier vollzieht sich eine gewaltige Explosion an Marktvergrößerung. Ich spreche hier natürlich vom Telekommunikationsmarkt. Ich möchte dann auf die volkswirtschaftliche Bedeutung der 7 % Ende des Jahrzehnts zurückkommen. Dann hat die

Telekommunikation volkswirtschaftlich die Bedeutung, wie die Automobilindustrie heute. Sie hat noch eine zweite Bedeutung. Sie ist spätestens dann ein entscheidender weiterer Produktionsfaktor für jede Volkswirtschaft. In den nächsten Jahren innerhalb dieses gemeinsamen Marktes stellen wir und andere, die um die Telekommunikation und ihren Erfolg kämpfen, die Weichen, ob die großen, zweifellos vorhandenen Möglichkeiten für die Entwicklung der Volkswirtschaften genutzt werden können. Ich glaube, das ist ja letztlich die zentrale Aufgabe, die auf uns miteinander zukommt, ob das die EG-Kommission angeht oder ob das die Telekom-Operator angeht oder – und das bestimmt nicht zuletzt – die europäische Telekommunikations-Industrie angeht. Wo die Probleme liegen, ist heute an vielen Stellen gesagt worden. Herr Cornu hat den Punkt sicher sehr deutlich getroffen, indem er sagte, so wild ist die Unterstützung von France Télécom nicht. Ich sage umgekehrt für die Deutsche TELEKOM, so gering ist die Unterstützung für unsere Industrie nicht, und ich spreche jetzt wirklich nicht von FuE-Zuwendungen. Ich glaube, daß wir alle miteinander, die europäischen Operator und auch die europäische Telekomindustrie, unsere Schularbeiten bisher nicht schlecht gemacht haben. Denn wenn wir uns die kritische Entwicklung der elektrotechnischen Industrie ansehen und schauen, wo denn die Mikroelektronik wirklich noch im Weltvergleich ganz top ist – Herr Dr. Baur hat ja die Statistiken gezeigt – dann ist es doch die Telekommunikations-Industrie, wo Europa ein gewaltiges Esse hat. Es wird jetzt darauf ankommen, daß wir vergessen, daß wir Franzosen und Deutsche sind, und daß wir vergessen, daß wir Skandinavier oder Engländer sind, und daß wir schleunigst dafür sorgen müssen, daß wir zu einheitlichen Rahmenbedingungen kommen. Das klingt sehr banal und einfach, aber das ist der Weg, auf den wir uns machen müssen. Damit will ich nicht sagen, daß das jetzt vor uns ist, sondern wir sind schon mitten drin. GSM ist ein phantastisches Beispiel, und ich möchte zu den Absichten, die die europäischen Operator zumindest die 5, die jetzt das MOU unterschrieben haben – mit ATM verfolgen, sagen, daß hier GSM in entsprechender Dimension rasch nachvollzogen werden soll. Mit ATM gibt es eine Rahmenbedingung, die eine ganze Reihe der hier genannten Anforderungen erfüllt. Die gemeinsame Plattform, die erforderlich ist, um dies zwischen Operatoren und Industrie mehr und mehr auf europäischer Grundlage zu tun, haben wir dadurch, daß wir bisher in allen Ländern eigentlich eine gemeinsame nationale Grundlage geschaffen haben. Dies auf Europa auszuweiten, wird sicherlich ein entscheidender Beitrag sein, um die Herausforderung, die Riesenchance, die für die Telekommunikations-Industrie heute an der Schwelle zum 1.1.93 vorhanden ist, zu nutzen.

Prof. Witte:

Vielen Dank, Herr Ricke. Ich frage nun Herrn Kollegen Ehlermann, der als Generaldirektor in der europäischen Kommission das Wettbewerbsrecht und die Wettbewerbspolitik für Europa mitbestimmt: Verstehen Sie sich als europäische Regulierungsinstitution, setzen Sie europäische Rahmenbedingungen, und ist auch für Sie der Binnenmarkt eine Herausforderung?

Prof. Ehlermann:

Sicher ist das eine Herausforderung. Ich erinnere mich noch sehr gut an ein Gespräch mit Herrn Dr. Baur vor zwei Jahren, als es um die Frage ging, welche Märkte wirklich wichtig für die europäische Industrie sind, die europäischen Märkte, die EG, die USA oder Japan? Herr Dr. Baur hat damals dasselbe gesagt, was er heute gesagt hat, die EG ist für uns der entscheidende Markt. Auf diesem Heimatmarkt müssen wir stark werden. Wenn uns das nicht gelingt, dann brauchen wir über den Rest nicht zu reden. Ich teile diese Analyse. Das ist die Analyse der Kommission seit 1985 mit dem Binnenmarktkonzept. Daß man auf dem Heimatmarkt wettbewerbsfähig sein muß, ist auch die Essenz von Prof. Michael Porter's Analysen über Wettbewerbsfähigkeit moderner Industrien. Daß der gemeinsame Markt die Chance hat, in der Triade die beiden anderen zu überholen, hat niemand anders als Ihr Kollege Lester Thorrow vom MIT in seinem letzten Buch gesagt. Er traut den Europäern zu, die Möglichkeiten zu nutzen, die im Binnenmarkt liegen. Das allerdings setzt voraus, daß man sich tatsächlich als Europäer fühlt und nicht weiter nationale Industriepolitik betreibt. Das ganz wichtige Element dieses Marktes scheint mir in der Tat die neue Ausschreibungsdisziplin zu sein. Bei aller Vorreiterrolle der Telekommunikation gehört sie dennoch zu den vier Bereichen, bei denen die öffentlichen Ausschreibungen erst am Ende dieses Jahres verbindlich werden. Da gibt es Skeptiker, die sagen, das wird nicht klappen, und es gibt andere, die meinen, es muß einfach geschehen. Denn daran hängt meines Erachtens in erster Linie die Zukunft dieses Wirtschaftszweiges. Wenn es bei den Ausschreibungen weiterhin versteckte Praktiken der nationalen Bevorzugung und Abschottung gibt, dann wird eben nichts aus dem gemeinsamen Binnenmarkt für die Telekommunikation. Ich glaube, daß ist wirklich der entscheidende Punkt. Herr Cornu hat provozierend gesagt, daß die Generaldirektion Wettbewerb der Kommission, die GD IV, die Märkte in der Gemeinschaft immer noch als national betrachtet. Zu unserer großen Überraschung haben wir, als wir mit der Fusionskontrolle im September 1990 begannen, in der Tat festgestellt, daß Märkte, von denen wir glaubten, sie seien bereits vergemeinschaftet – von ihren inneren Strukturen, nicht nur vom Anspruch her – noch national waren. Ich denke insbesondere an die beiden Batteriefälle – einen in Frankreich, einen in Deutschland (Varta Bosch ist der deutsche Fall). Da gab es bekanntlich kleine Meinungsverschiedenheiten zwischen der Generaldirektion Binnenmarkt und der GD IV über die Chancen dieser Märkte, schneller oder langsamer zusammenzuwachsen.

Insgesamt gesehen haben wir überrascht festgestellt, daß die Integration der Märkte auch da, wo es keine Monopole gibt, wo es bereits öffentliche Ausschreibungen gibt, weniger weit fortgeschritten war, als sie eigentlich hätte sein sollen.

Ein Beispiel dafür, daß wir durchaus dynamisch denken, ist die Sache Alcatel-AEG Kabel. Sie erinnern sich, Herr Cornu, daß die Bundesregierung sehr ernsthaft mit dem Gedanken gespielt hat, gegen die Kommission in dieser Angelegenheit zu klagen, weil sie der Auffassung war, daß die Kommission zu großzügig mit der Annahme gewesen sei, der Kabelmarkt würde kurzfristig zu einem europaweiten, nicht mehr deutschen Markt, zusammenwachsen. Ein anderes Beispiel für denselben Gedankengang liefert der Fall Mannesmann-

Hoesch, in dem wir erstaunlicherweise – 40 Jahre nach der Schaffung der Montan-Union – zu dem Ergebnis kamen, daß der Markt für Stahlröhren im Gasbereich in Deutschland noch heute ein nationaler ist, allerdings in Kürze seinen rein nationalen Charakter verlieren wird.

Fusionskontrolle in Europa muß den Realitäten entsprechen. Wir sehen die Dynamik der Märkte sehr wohl und sind bereit, dem vermutlich strategischen Verhalten der Unternehmen auf den Märkten Rechnung zu tragen. Wir können aber nicht Wunschdenken an die Stellung sauberer Analyse setzen.

Sie haben ferner gesagt, Herr Cornu (und auch das kann ich nicht unwidersprochen lassen), wir kümmerten uns nicht darum, was auf fremden Märkten geschehe, insbesondere in den USA und in Japan. Daß wir ein Problem mit der Position von AT&T in den USA haben, ist keine Frage. Wir sind deshalb mit Ihren Kollegen im sehr intensiven Gespräch, ob wir über das Wettbewerbsrecht eine Änderung dieser Position erreichen können. Wir sind der Überzeugung, daß gerade das Wettbewerbsrecht in der Zukunft weltweit eine sehr viel größere Rolle spielen wird als bisher, wo wir mit dem Vorschlaghammer des trade-law operieren müssen, was nicht immer zu volkswirtschaftlich wünschenswerten Ergebnissen führt. Ich habe an verschiedenen Gremien die Aufforderung gerichtet, der GD IV zu sagen, ob es in anderen Bereichen der Welt Situationen gibt, die wettbewerbsrechtlich problematisch sind. Wir sind bereit, diese Probleme in unseren Kontakten mit unseren amerikanischen Kollegen oder mit der Federal Trade Commission in Japan aufzugreifen. Ich richte diese Aufforderung heute auch an Sie. Allerdings brauchen wir dafür mehr als nur Anekdotisches. Wir brauchen dafür präzise Fakten. Ich weiß sehr wohl, daß der Betroffene zögert, solche präzisen Fakten anderen mitzuteilen, weil das u. U. zu Folgerungen führen kann, die für den Informanten nicht wünschenswert sind. Wenn Sie aber von uns Wettbewerbshütern erwarten, daß wir etwas für Sie in anderen Teilen der Welt tun, müssen Sie uns präzise Fakten geben.

Vielleicht noch eine Bemerkung zu der Herrn Dr. Neumann zugespielten Frage die Forschung und Entwicklung durch die Netzbetreiber betreffend. Sie wissen, Forschungs- und Entwicklungsbeihilfen beschäftigen die Kommission. Forschungs- und Entwicklungsbeihilfen sind dann transparent, wenn sie in Form von Zuschüssen ausgewiesen werden. Wenn dagegen ein Unternehmen wie der Netzbetreiber forscht, dann ist das weniger transparent. In all den Bereichen, die von Monopolsituationen gekennzeichnet sind, ist eines der allerwichtigsten Mittel zur Herstellung des Binnenmarktes die Transparenz. Man müßte sich in einer solchen Situation sehr ernsthaft überlegen, ob der Netzbetreiber nicht auch dort, wo er gewissermaßen privatwirtschaftlich forscht, zur Transparenz gezwungen werden sollte. Denn die Gefahr, daß dieser Netzbetreiber im nationalen Interesse forscht oder für die nationalen Unternehmen, ist eine nicht ganz von der Hand zu weisende Sorge, denn im allgemeinen forscht man im Hinblick auf bestimmte Interessen.

Prof. Witte:

Vielen Dank, Herr Kollege Ehlermann. Ich hatte versprochen, daß Plenum in die Diskussion mit einzubeziehen. Darf ich meine Kollegen hier auf dem Podium fragen, ob sie im Augenblick noch einen Nachtrag wünschen, oder ob ich in den Raum hineinfragen darf?

Prof. Lorenz:

Ich habe zwei Tage gut zugehört, und gerade am heutigen Tag ist zumindest bei mir der Eindruck entstanden, daß es vielleicht eine Diskrepanz gibt zwischen den Vertretern der operativen Unternehmen, die das Geschehen nun zu gestalten und denjenigen, die Richtlinien und Regulierungen zu machen haben. Wenn ich darüber nachdenke, kommt es mir vor, daß es vielleicht daran liegen könnte, daß wir noch in der Zielformulierung nicht ganz einig sind. Herr Dr. Neumann hat in seinem sehr interessanten Vortrag das Ziel formuliert. Wir wollen liberalisieren und wir wollen mehr Wettbewerb. Das klang auch bei Prof. Ehlermann und den anderen Vorträgen der EG immer durch. So gut, so recht. Wenn ich aber nun höre, was Dr. Baur, Herr Ricke und Herr Cornu gesagt haben – und ich stimme dem zu – daß das übergeordnete Ziel eine blühende, gedeihende Telekommunikationsbranche in Europa ist, dann ist das zweite Ziel ein gemeinsamer Markt in Europa. Vielleicht könnten wir uns auf folgendes einigen, nämlich daß die blühende Telekommunikationsbranche in Europa und der einheitliche europäische Markt das übergeordnete Ziel ist, und daß mehr Wettbewerb und Liberalisierung ein Mittel dazu ist, aber eben nur ein Mittel – und es gibt noch andere Mittel, die ja heute hier sehr deutlich angeklungen sind. Herr Baur hat diese Liste von anderen Möglichkeiten und Notwendigkeiten vorgelegt. Herr Ricke hat das in Form einer Wunschliste und Herr Cornu hat das praktisch in einer Diskrepanzliste getan. Nun die Frage an das Podium: Können wir uns nicht darauf einigen, Wettbewerb als Mittel, aber nur als ein Mittel zu sehen, daß aber gerade im speziellen Fall der Telekommunikation auch andere und mehr Mittel notwendig sind, um wirklich einen Erfolg daraus zu machen? Vielleicht sind diese anderen Mittel in den Vorträgen der Richtlinienkompetenten, der politisch Kompetenten und der Regulierungskompetenten etwas zu wenig deutlich geworden, weil man sich da doch sehr stark auf mehr Wettbewerb – holzschnittartig – und mehr Liberalisierung konzentriert hat, während ich in meinem gestrigen Vortrag versucht habe darzustellen, daß die europäische Telekommunikation nur dann erfolgreich sein wird, wenn eine konsequente Innovationspolitik betrieben wird. Innovationspolitik ist aber viel mehr als Wettbewerbspolitik.

Prof. Ehlermann:

Herr Prof. Lorenz, ich hatte gestern nicht die Chance, Ihnen zuzuhören und sage nun vielleicht etwas, das an Ihrer Frage vorbei geht. Ich habe nicht das Gefühl gehabt, daß es einen Widerspruch gibt zwischen dem, was Herr Dr. Baur als Katalog von Forderungen an Brüssel und an Bonn aufgelistet hat, und dem, was ich ausgeführt habe. Im Gegenteil, Herr Dr. Baur hat gesagt „schafft mir den fairen Wettbewerb". Es ist meine Aufgabe, auf diesem fairen Wettbewerb zu bestehen. Herr Cornu hat nichts anderes gesagt, und auch Herr Ricke verlangt fairen Wettbewerb. Ich glaube noch nicht einmal, daß es grundlegende Unterschiede gibt zwischen dem, was wir unter fairem Wettbewerb verstehen, wieweit es gut ist, vertikal im nationalen Bereich zu integrieren. Es macht einen Unterschied, ob Alcatel einen Anteil an der zukünftigen Telekom AG kauft oder ob Siemens massiv bei Telekom einsteigt. Vertikale Integration über die Grenzen hinweg sieht anders aus als vertikale Integration im nationalen Bereich. Abgesehen von diesen Fragen gibt es keinen Zielkonflikt. Vielleicht tue ich Ihnen aber unrecht, weil ich gestern nicht dabei war. Daß Sie von mir keine Hymne auf die Regulierung und Ausschließlichkeitsrechte erwarten, das ist wohl selbstverständlich.

Dr. Baur:

Herr Prof. Lorenz hat darauf hingewiesen, daß es außer dem Wettbewerb und der Liberalisierung auch noch andere Dinge gibt, die einen Markt schaffen können. Dies wollte ich nochmals unterstreichen. Denn heute ist etwas verkündet worden, was vielleicht in der Diskussion und den Vorträgen etwas untergegangen ist. Ich selbst habe dies heute zum ersten Mal in der Öffentlichkeit gehört. Wir haben vor 10 Jahren GSM aus der Taufe gehoben. Dies war ein bedeutender Schritt. Heute ist hier zum ersten Mal öffentlich verkündet worden, daß wir einen ähnlichen Schritt in das Breitband-Euro-ISDN machen. Heute wurde verkündet, daß wir die hohe Bitraten-Übertragung dringend brauchen, daß mit dem unterschriebenen Vertrag zwischen den großen Verwaltungen Europa praktisch beginnt, die Standardisierung dieser geschalteten Breitbandübertragung anzugehen. Sie können sicher sein, nachdem das die großen Verwaltungen beschlossen haben, daß wir dann ähnlich wie bei GSM in 5 Jahren ein Breitband-Euro-ISDN zur Verfügung haben, mit dem Sie über Bandbreiten „on demand" verfügen können.

Prof. Witte:

Im Mobilfunk haben wir zuerst den europaweiten GSM-Standard gehabt und dann begann der Wettbewerb. Genauso könnte es bei der ATM-Technik geschehen. Insofern ist ein erfolgreiches Konzept vorhanden. Allerdings schließt sich die Frage an, ob es genügt, mit Hilfe der Standardisierung den Wettbewerb zu ermöglichen oder ob dazu auch eine Regulierungsentscheidung notwendig ist. Wir dürfen ja nicht vergessen, daß erst durch die Vergabe von Lizenzen der Wettbewerb im Bereich des Mobilfunks eröffnet wurde. Wird dies auch im Falle der Breitbandkommunikation so werden?

Dr. Baur:

Dazu möchte ich sagen, daß wir ja heute noch die Sprache im Monopol behalten haben. Es ist also anders als der Mobilfunk. Und beim Breitband-ISDN würden wir auch nach heutigem Stand die Sprache im Monopol behalten – übrigens wie beim Schmalband-ISDN.

Herr Cornu:

Ich hätte noch eine Frage. Was würde die Reaktion der Kommission sein, wenn z. B. all die Zweitnetzbetreiber in den verschiedenen Ländern systematisch von Bell Canada und NTT aufgekauft würden? Das würde die Situation für die europäische Industrie sehr schwer machen, denn sie haben ja eine de facto vertikale Integration. Das würde also den Markt für die europäischen Hersteller sehr stark schmälern.

Prof. Ehlermann:

Anlaßpunkt für uns wäre die Fusionskontrolle, ausschließlich die Fusionskontrolle. Es ginge dann darum, die Marktstellung zu prüfen. Wie groß ist der relevante Markt, ist es ein nationaler Markt, ist es bereits ein europäischer Markt? Aber die Kontrollkriterien wären rein wettbewerbsrechtlich. Wenn die 5 Mrd. ECU weltweiter Gesamtumsatz und die 250 Mio. ECU in der Gemeinschaft erreicht sind und die sich zusammenschließenden Unternehmen nicht zu zwei Drittel ihres Gesamtumsatzes in dem selben Land operieren – und das würde in Ihrem Beispiel, Herr Cornu, nicht zutreffen – ist die EG für die Prüfung des Zusammenschlusses zuständig. Die Fusionskontrollverordnung ist im Hinblick auf die zu prüfenden Unternehmen extraterritorial. Das ist auch logisch, denn es kommt allein auf die Auswirkungen in der Gemeinschaft an. Alles Wettbewerbsrecht ist von Natur aus wirkungsbezogen. Es kann nicht darauf abstellen, wo der Sitz der Firma ist oder wo die Beteiligten handeln oder einen Vertrag unterschreiben.

Prof. Witte:

Soweit ich mich erinnere, waren bei der Bewerbung um eine Mobilfunklizenz die Beteiligungsverhältnisse offenzulegen. Wir haben zwar keine 20%-Grenze für die Beteiligung ausländischer Unternehmen – wie das in den USA der Fall ist –, aber eine Veränderung der Beteiligungsverhältnisse ohne Einfluß auf die Lizenz ist nicht so einfach. Hierzu wird Herr Dr. Neumann Auskunft geben können, der Mitglied des Lenkungsausschusses war, der die Erteilung der Lizenz vorbereitet hat.

Dr. Neumann:

Wichtig in Deutschland ist, daß Änderungen der Eigentumsverhältnisse eines Lizenznehmers regulierungsbedürftig sind. Aber für die Zuschlagsentscheidung für eine Lizenz ist der Anteil des ausländischen Kapitalbesitzes am Lizenznehmer kein relevantes Entscheidungskriterium gewesen. Ich möchte noch einen Satz zur vertikalen Integration sagen: Ich möchte das nicht verniedlichen, aber ich meine, das Thema wird in der Diskussion ein bißchen überschätzt. Ich würde gerne die etwas kontrastierende These aufstellen, daß die vertikale Integration von AT&T in den Dienstebereich dem Unternehmer die Wettbewerbsposition auf mittlere Frist im US-Markt nicht erleichtert, sondern in der Tendenz vielleicht sogar erschwert. Die Marktchancen von europäischen Unternehmen werden vielleicht sogar verbessert, wenn es den Wettbewerb im Dienstemarkt gibt.
Noch einen Satz zu Herrn Prof. Lorenz. Ich meine, heute in der Diskussion aufgenommen zu haben, daß es nicht mehr um die Frage geht, grundsätzliche Argumente für oder gegen Wettbewerb miteinander auszutauschen, sondern um

die Frage, welche Voraussetzungen eigentlich da sein müssen, damit wir effizienten Wettbewerb haben. So habe ich auch die Ausführungen von Herrn Ricke verstanden. Wenn wir das alles einmal an dem sich anbahnenden GSM-Wettbewerb spiegeln, dann ist dies doch das beste Beispiel dafür, daß die Einführung von Wettbewerb in einem Telekommunikationsmarkt den Interessen der herstellenden Industrie bisher besser gedient hat, als wenn dieser Markt ein weiterhin nicht dem Wettbewerb geöffneter Markt geblieben wäre. Dies gilt vor allem für Deutschland.

Prof. Eberspächer:

Eine der Herausforderungen des Binnenmarktes ist für mich: Was erwartet eigentlich der Bürger von diesen Entwicklungen, nicht nur der Betreiber oder der Hersteller. Der Bürger könnte nämlich jetzt sagen: Telefonieren und faxen kann ich ja schon ohne diesen Binnenmarkt. Wir wissen aber (und das Mobilnetz ist ein schönes Beispiel), daß es deutliche Verbesserungen geben wird. Deswegen meine ich: Wir brauchen eine Art „Euro-Marketing". Das ist eine Herausforderung nicht nur für die Politik, sondern für die Hochschulen, für die Industrie, für uns alle. Die Vorteile einer Telekommunikation im gemeinsamen Europa müssen dem Bürger klargemacht werden.

N. N.:

Ich habe eine Frage an Herrn Cornu. Sie haben betont, daß es wichtig ist, daß die Schnittstellen und die Dienste normiert werden. Kann ich da indirekt den Schluß ziehen, daß in manchen Normungsgremien, u. a. auch in der GSM, manchmal etwas zu viel getan wird, daß durch Netzspezifikationen und solche Dinge die Vielfalt und die Bewegungsfreiheit der Netzbetreiber und Systemhersteller vielleicht zu sehr eingeschränkt werden, was indirekt wieder nachteilig für den Wettbewerb sein könnte?

Herr Cornu:

Ich habe zwei Beispiele genannt. Ich glaube, daß Beispiel ISDN ist ganz klar. Wenn Sie jetzt einmal die Situation betrachten, wie ISDN standardisiert ist, dann brauchen Sie eine network termination, das ist ein spezielles Gerät, nicht nur eine Schaltung. Sie brauchen noch einen terminal adapter um andere terminals anzuschließen. Wenn man die Standardisierung von ISDN gemacht hätte, also einfach mit den U-interfaces, und gesagt hätte, da kann sich jeder anschließen mit den Geräten, mit denen er möchte, dann wäre das viel schneller gegangen. Es ist noch gar nicht so lange her, daß die Anpassungskarte für ISDN in einem PC den gleichen Preis hatte wie der ganze PC. Wir haben bei GSM aus Wettbewerbsgründen versucht, das System in verschiedene Blöcke zu schneiden. Aber diese Blöcke sind dann natürlich untereinander verbunden durch Standard-Schnittstellen. Es gibt relativ komplexe Protokolle, die sehr lange diskutiert worden sind. Schließlich hat das dazu geführt, daß die Entwicklung eine Verzögerung erfahren hat und daß der Softwareaufwand komplizierter war als das, was eigentlich möglich war.

Ich möchte sagen, GSM ist immer noch ein positives Beispiel. Aber ich wollte deutlich machen, daß wir selbst bei GSM die Sache etwas zu kompliziert gemacht haben. Was ist nun die Gefahr? Die Gefahr besteht darin, daß wenn ETSI die Sachen zu sehr kompliziert, es andere Stellen geben wird, z. B. in den USA das ATM-Forum. Da setzen sich Leute ohne ideologische Motive zusammen und sagen einfach: was brauchen wir als Schnittstellen, damit der Dienst funktioniert? Ich glaube, wir müssen aufpassen, daß es in ETSI nicht etwas zu viel Ideologie gibt und daß man etwas zu wenig auf die Dienste gerichtet ist.

Herr Gerhäuser:

Ich habe während des Kongresses ein Thema vermißt, das Thema Chancen-Killer Zeitfaktor. Ich möchte ganz präzise fragen, was muß sich bei uns in Deutschland ändern, damit die Entwicklung, die Standardisierung, die Produktion und schließlich die Markteinführung wesentlich schneller oder zumindest noch schneller funktionieren als das bisher möglich war?

Herr Ricke:

Ich werde diese Frage in einem kurzen Satz beantworten: Mehr Wettbewerb.

Dr. Baur:

Bessere Einstellung des Publikums und der Politik zur Technik.

Herr Cornu:

Ich würde sagen, daß man sich auf die Dienste konzentriert und nicht auf die Ideologie oder die Technologie. Man muß sehen, welche Dienste brauchen wir und wie schaffen wir das.

Prof. Ehlermann:

Ich passe zu dieser Frage.

Prof. Witte:

Es ist ein wichtiges Thema unserer zweitägigen Aussprache, daß die Bewertung alternativer Problemlösungen vom Nutzer, vom Verbraucher ausgeht, der zu seinem eigenen Vorteil, zum geschäftlichen oder privaten Nutzen, Telekommunikationsdienste nachfragt. Wettbewerb ist hierzu ein Instrument. Wir haben jeweils zu prüfen, ob es ein gutes Instrument ist, und wie man es ausgestalten muß, um eine positive Wirkung zu erzielen.

Ein solches Thema ist ein europawürdiges Problem. Europa war noch nie einfach. Europa hat es sich auch immer schwer gemacht. Aber Europa ist es wert, die Vielfalt, die für diesen Kontinent charakteristisch ist, zu bewältigen.

Es war von der Schwelle die Rede, auf der wir uns im Augenblick befinden und von der aus wir in die Zukunft springen müssen. Vielleicht müssen es auch mehrere Sprünge sein, damit wir sie bewältigen können.

Ich danke allen Referenten, den Diskussionsteilnehmern und Mitwirkenden für die aufgeschlossene Art, in der dieses Thema behandelt wurde. Wir hoffen, der zukünftigen Entwicklung gedient zu haben. Damit schließe ich diesen Kongreß.

Liste der Autoren

Ministerialrat
Nils v. Baggehufwudt
Bundesministerium für Wirtschaft
Postfach 14 02 60
53107 Bonn

Dr. Hans Baur
Mitglied des Vorstandes der
Siemens AG
Hofmannstr. 51
81359 München

Dr. Reinhard Büscher
EG-Kommission
Kabinett Dr. Bangemann
Rue de la Loi 200
B-1049 Brüssel

J. Cornu
Alcatel NV
33, Rue Emeriau
F-75015 Paris

Prof. Dr. Claus Dieter Ehlermann
Kommission der Europäischen
Gemeinschaften, GD XIII
Rue de la Loi 200
B-1049 Brüssel

Staatssekretär
Frerich Görts
Bundesministerium für Post und
Telekommunikation
Postfach 80 01
53105 Bonn

Dr. Klaus W. Grewlich
Deutsche Bundespost Telekom
Generaldirektion
Postfach 20 00
53105 Bonn

Prof. Dr. Gert Lorenz
Sonnleitenweg 6
83684 Tegernscc

Dr. Karl-Heinz Neumann
WIK GmbH
Geschäftsführer
Rathausplatz 2–4
53604 Bad Honnef

Helmut Ricke
Vorsitzender des Vorstandes der
Deutschen Bundespost Telekom
Postfach 20 00
53105 Bonn

Dr. Thomas Schnöring
WIK GmbH
Rathausplatz 2–4
53604 Bad Honnef

Dipl.-Ing. Gerd Tenzer
Mitglied des Vorstandes der
Deutschen Bundespost Telekom
Postfach 20 00
53105 Bonn

Dr. Herbert Ungerer
Kommission der Europäischen
Gemeinschaften, GD XIII
Rue de la Loi 200
B-1049 Brüssel

Prof. Dr.-Ing. Gerhard Zeidler
Vorsitzender des Vorstandes der
Alcatel SEL AG
Postfach 40 07 49
70407 Stuttgart